UI设计师的色彩搭配手册

董庆帅 / 编著

电子工业出版社
Publishing House of Electronics Industry
北京·BEIJING

内容简介

本书从当前热门的移动 UI 设计的色彩搭配出发，重点介绍了 APP 界面设计中的色彩搭配原理，分门别类地分析了自然色彩搭配、个性色彩搭配、感性色彩搭配及实用色彩搭配的原理及应用技巧，还提供了近 300 个色彩搭配案例的展示，供读者进一步理解和设计借鉴。

本书适合广大设计爱好者特别是 UI 设计爱好者作为案头工具书，还适合各大院校相关专业及培训班作为参考用书。

未经许可，不得以任何方式复制或抄袭本书之部分或全部内容。
版权所有，侵权必究。

图书在版编目（CIP）数据

UI设计师的色彩搭配手册 / 董庆帅 编著. —— 北京：电子工业出版社，2017.1
ISBN 978-7-121-30158-2

Ⅰ. ①U… Ⅱ. ①董… Ⅲ. ①人机界面 - 色彩 - 设计 - 技术手册 Ⅳ. ①TP311.1-62

中国版本图书馆CIP数据核字（2016）第251744号

责任编辑：张艳芳
特约编辑：刘红涛
印　　刷：北京捷迅佳彩印刷有限公司
装　　订：北京捷迅佳彩印刷有限公司
出版发行：电子工业出版社
　　　　　北京市海淀区万寿路173信箱　　邮编：100036
开　　本：720×1000　1/16　印张：9.75　字数：228千字
版　　次：2017年1月第1版
印　　次：2019年7月第5次印刷
定　　价：59.80元

参与本书编写的人员有付巍、高洋、董庆帅、李倪、李婷婷、李亚宁、刘欢、高娜娜、范晓云、王征、邹晓华、傅学义、谢文丰、汪明月、鲍阿玉。

凡所购买电子工业出版社图书有缺损问题，请向购买书店调换。若书店售缺，请与本社发行部联系，联系及邮购电话：（010）88254888，88258888。

质量投诉请发邮件至 zlts@phei.com.cn，盗版侵权举报请发邮件至 dbqq@phei.com.cn。
服务热线：（010）88254161~88254167转1897。

前言 / PREFACE

随着科技的发展,移动终端设计发展越来越快,APP界面设计对于才人的需求越来越大。面对这个高薪行业,如今有大量的设计人员转行跨入UI设计行业,其中也有很多没有设计基础的人为了挤入这个行业而参加短期培训。

APP界面设计包含很多内容,比如文字设计、色彩搭配、版式设计、图标设计等,这些都属于页面设计,这些设计基本上跟平面设计联系紧密。很多没有学过设计或者没有设计基础的人想进入这个行业,短期培训是不够的,必须从掌握基本知识开始。

本书主要讲的是移动终端设计之色彩搭配设计,是APP界面设计的基础内容。本书主要从最基本的原色搭配开始,详细地介绍了每个单色在APP界面设计中的搭配技巧和方法,每一种色彩都有几种搭配方式。另外,书中也讲了不能与之搭配的色彩,或者说应尽量避免的色彩搭配方式。本书每一章都分3个部分:第一部分是某一色彩的一般搭配规律及特殊的禁忌搭配方式;第二部分是APP色彩搭配的案例详解;第三部分是精彩案例赏析。通过这3部分,我相信大家肯定会对色彩搭配有一个初步的了解。

本书主要针对想加入UI设计行业的人们,包括对UI设计充满激情而又没有设计基础和美术基础的人们。本书内容讲解比较清晰,语言通俗易懂,案例讲解比较到位,赏析的案例选择比较有针对性。希望所有读者在阅读此书后会对自己在色彩搭配方面有所帮助,同时也希望广大读者能够对此书提出宝贵的意见和建议,帮助我们把内容做得更好、更精细,能够给更多的人带来更专业的知识。

另外,本人在编写这本书的时候收集了大量的素材,也做了很多的素材分析,并且参考了很多书籍和资料,自己在专业方面也得到了很大的提升。

最后,感谢各位支持我的朋友和家人,以及相关行业的专业人士对我的指导,他们给予的意见和建议让我更有信心把这本书做好,希望这本书能够带给读者们在色彩搭配方面新的理念和想法,能够提升读者们色彩搭配的能力。

UI 设计师的色彩搭配手册

目录

CONTENTS

01 原色搭配

P1 ~ 41

02 自然色彩搭配

P43 ~ 71

03 个性的色彩搭配

P73 ~ 85

04 感性的色彩搭配

P87 ~ 127

05 实用的色彩搭配

P129 ~ 145

01

色彩搭配

原色搭配

1

红色——搭配出具有都市风情的色彩方案

知识导读

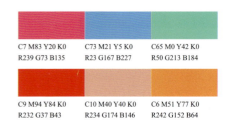

C7 M83 Y20 K0
R239 G73 B135

C73 M21 Y5 K0
R23 G167 B227

C65 M0 Y42 K0
R50 G213 B184

C9 M94 Y84 K0
R232 G37 B43

C10 M40 Y40 K0
R234 G174 B146

C6 M51 Y77 K0
R242 G152 B64

1 在表现具有都市风情的界面时，色彩搭配可以选择红色系作为主色调，其他偏亮一些的粉色可以作为搭配的色调。

2 与红色搭配，可以选择一些亮一点的冷调色彩或暖调色彩，红色最好选用同一个色系，颜色纯度不宜过高。

3 在搭配红色时，要注意颜色的纯度不宜过高，高纯度的色相不宜过多，色彩冷暖差异不宜过大。

红色的色感温暖，性格刚烈而外向，是一种对人刺激性很强的颜色，也容易让人感到兴奋、激动、紧张、冲动等。红色在不同的明度、纯度的状态（深红、鲜红、粉红等）下，表现的情感是不一样的，深红色给人的感觉比较成熟稳重、大气；粉红色给人一种青春活力、积极向上的感觉，同时粉红色更具有倾向性，充满都市韵味；鲜红色给人的感觉很热烈、热情、醒目。同时红色又具有很强的警示性，由于红色的视觉传达速度最快，因此人们喜欢用红色作为警示性的色彩。

在界面设计中，可以与红色搭配的颜色有很多，可以直接用红色和白色或者灰色搭配，也可以直接用红色和黑色搭配，同时红色还可以跟同一色系的色彩进行搭配。搭配色彩的时候，红色作为主色要放置在最重要的位置，其次往往是一些灰色调，或者纯度和明度都不是很高的冷色调，否则会引起整个色彩搭配的混乱。

1 热情的配色案例解析

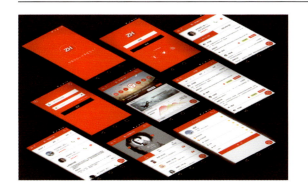

鲜艳的红色具有火一般的热情，让人感觉非常舒服，在APP界面设计中使用鲜红色与灰色和浅黄色搭配，会让整个画面更具活力。红色作为主要色调、灰色作为次要色调应用在功能分区中，黄色作为提醒性按钮出现，这样让整个画面更有精神且充满活力。

C0 M100 Y100 K0　C56 M47 Y45 K0　C12 M0 Y62 K0
R230 G0 B18　　　R130 G130 B130　R235 G235 B123

2 明快的配色案例解析

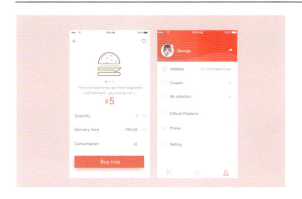

明快的色彩搭配可以选择偏亮一点的红色，红色中增加了少量的黄色，明度提高，在搭配色彩的时候，整体背景色可以选择白色，部分主要区域可以用红色来填充，次要部分区域可以用明度较高的淡黄色和浅灰色来搭配，整体色彩明度较高，给人比较明快的感觉。

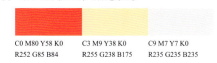

C0 M80 Y58 K0　　C3 M9 Y38 K0　　C9 M7 Y7 K0
R252 G85 B84　　　R255 G238 B175　R235 G235 B235

3 男性的配色案例解析

高明度的红色和低明度的灰绿色两个颜色的对比是很强的，在APP界面设计中，红色面积大一些，代表着男性热情有活力的一面，低明度的灰绿色代表着男性沉稳的一面，与亮灰色背景形成对比，高明度的粉绿色在画面中起到点缀的作用。

C8 M82 Y58 K0　　C78 M56 Y48 K2　C65 M0 Y42 K0
R235 G80 B84　　　R72 G102 B122　　R50 G213 B184

案例赏析

在这两款APP界面中，红色为第一色彩，在搭配色彩的时候鲜红色最适合的就是高明度的灰和白色，整体色彩比较亮丽，给人一种很强的现代感。深红色与浅灰色是很好的搭配，深红色不会过于跳跃，相对比较沉稳，这种设计中色彩不宜太多，浅灰色足够用来作为深红色的陪衬。

案例赏析

右上角的界面使用的是明度比较高的酒红色，可以直接体现企业热情的服务宗旨。酒红色使用了渐变的色彩，由深到浅，再搭配白色和灰色的背景，整体色调比较和谐统一，富有活力和热情。

右下角的图片是一个手机检测的APP，红色具有警示性，在这里使用红色和黑色搭配，整体给人很稳重的感觉，上半部分使用的是偏深一点的大红色，具有很强的警示性，下面使用的是深灰色的背景，以及银灰色的图标和文字，整体色彩搭配比较完整、大气、稳重。

01 原色搭配

2
黄色——搭配出具有速度感的色彩方案

知识导读

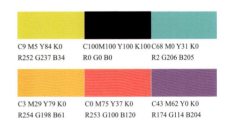

C9 M5 Y84 K0　　　C100 M100 Y100 K100　C68 M0 Y31 K0
R252 G237 B34　　R0 G0 B0　　　　　　R2 G206 B205

C3 M29 Y79 K0　　C0 M75 Y37 K0　　　C43 M62 Y0 K0
R254 G198 B61　　R253 G100 B120　　R174 G114 B204

1 黄色在手机界面设计中的使用可以提高整体色调的明度，使整个界面色彩比较跳跃、明亮。

2 黄色与黑色是经典的搭配，色彩对比鲜明，偶尔也可以选用同一色系的颜色来搭配，或者用对比色来搭配。

3 在搭配黄色的时候切忌柠檬黄和纯白色搭配，因为两个颜色明度都是非常高，无法形成强烈对比，效果不是很好，可以适当加入一些暗一点的色彩。

　　黄色的亮度最高，具有活泼与轻快的特点，给人十分年轻的感觉，象征光明、希望、高贵、愉快。黄色也代表着土地、象征着权力，并且还具有神秘的宗教色彩。浅黄色系给人明朗、愉快、活泼、希望的感觉；中黄色给人崇高、尊贵、辉煌、注意、扩张的心理感受；深黄色给人高贵、温和、内敛、稳重的心理感受。

　　在界面设计中，与黄色的搭配最经典的色彩就是黑色和灰色，当使用高明度的柠檬黄色时，不适合用白色的背景，可以使用黑色的背景或者深灰色的背景，两种明度反差极大的色彩搭配会给人非常稳重、大气的感觉。偏暖一点的黄色和黑色搭配可以显示出很强的速度感。还可以考虑使用类似搭配，这样整体色彩和画面都比较有层次感，但若搭配不好就会显得过于统一、呆板。

1 明快的配色案例解析

明快的色彩搭配一般会选用明度较高的柠檬黄，与其搭配的色彩也是明度较高的蓝色和绿色，其他的颜色如灰色和白色的背景，这样的组合整体明度较高，视觉上非常明快。

| C6 M12 Y75 K0 | C61 M11 Y0 K0 | C63 M0 Y76 K0 |
| R254 G227 B74 | R79 G191 B255 | R73 G216 B100 |

2 青春的配色案例解析

青春的色彩是多姿多彩的，所以就需要丰富的色彩来搭配，切忌使用明度较低的颜色，这里推荐的是明度较高的蓝绿色和粉红色，再加上本来就比较亮的色彩整体感觉青春靓丽、充满活力。

| C3 M29 Y79 K0 | C68 M0 Y31 K0 | C0 M75 Y37 K0 |
| R254 G198 B61 | R2 G206 B205 | R253 G100 B120 |

3 现代的配色案例解析

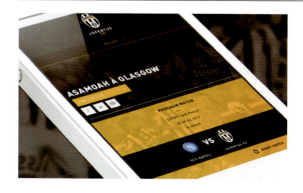

黑色和黄色是经典的色彩搭配案例，但是要记住，与黑色搭配的黄色明度不能过高，颜色适当偏暖，这样的色彩搭配是非常稳重、大气的，同时具有很强的现代设计感。

| C7 M37 Y92 K0 | C100 M100 Y100 K100 | C65 M0 Y42 K0 |
| R246 G179 B0 | R14 G14 B14 | R64 G27 B0 |

案例赏析

左上角这款是浅黄色与高明度蓝色的搭配，两种高明度的色彩搭配在一起，冷暖相配，整个设计风格比较时尚、前卫。右上角的色彩主要是暖黄色和黑色的经典搭配，颜色相互衬托，整体比较沉稳大气。最下面的这一组APP界面整体色调是非常明亮的，主要是黄色和白色搭配，搭配少量的蓝色和灰色，为画面增加一点色彩，整体比较干净、明亮。

案例赏析

这几款APP界面基本上运用了黄色与黑色的搭配、黄色与灰色的搭配、黄色与天蓝色的搭配、黄色与蓝紫色的搭配、橙黄色与黑色的搭配等，这些色彩搭配都具有各自的特点。

在用黄色搭配色彩时一定要注意，如左下角的图片，因为背景色有点花，加上黑色本身就比较沉闷，如果搭配偏暖的黄色，看起来有点烧焦的感觉，所以尽量使用高明度的黄色和黑色搭配。

01 原色搭配

9

3

绿色——搭配出
具有自然风格的色彩方案

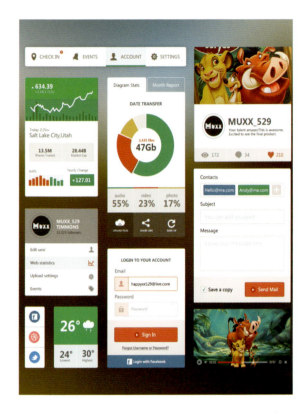

知识导读

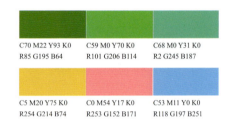

C70 M22 Y93 K0　　C59 M0 Y70 K0　　C68 M0 Y31 K0
R85 G195 B64　　　R101 G206 B114　　R2 G245 B187

C5 M20 Y75 K0　　　C0 M54 Y17 K0　　　C53 M11 Y0 K0
R254 G214 B74　　　R253 G152 B171　　R118 G197 B251

1 绿色可以给 APP 界面带来清新、自然的氛围，绿色在界面中与白色搭配比较合适。

2 常与绿色搭配的是同色系的色彩，还可以增加一些高明度的粉色，这样可以提高页面的明度和清新感，带给人们一种安宁、凉爽的感觉。

3 在与绿色配色时，很多人忌讳红配绿，但是只要把握好比例也是可以的，切记红色和绿色搭配的时候红色比例要少，两者比例不能太过于均衡。

　　与绿色搭配的色彩有很多，比如鲜嫩的绿色和黑色搭配可以显得很端庄，白色和绿色搭配会显得很雅致，绿色和宝蓝色搭配显得比较娇媚，几种深浅程度不同的绿色也可以搭配在一起，成为互补或点缀。传统的绿色搭配米色虽然不出错，但也不出彩。不过现在流行撞色搭配，追求与众不同的人也可以用大红、粉红、鹅黄来搭配绿色。但红绿撞色搭配，要以其中一种颜色为主，另一种颜色做点缀。

　　绿色本来就是大自然的颜色，自然会给人们带来清新自然的感受，但搭配的色彩不宜过多，保持绿色带给大家的原本的清新和安宁，才不失绿色的本质。

1 自然的配色案例解析

自然清新的色彩首选嫩绿色和黄绿色的搭配，两种都是初春万物复苏植物发芽的颜色，充满生机、动力、希望。在搭配色彩的时候使用白色的背景，会让整个画面显得干净、清新。

| C48 M0 Y75 K0 | C33 M0 Y83 K0 | C0 M0 Y0 K0 |
| R152 G210 B97 | R195 G228 B58 | R255 G255 B255 |

2 青春的配色案例解析

绿色也代表了有青春活力的年轻人，所以在界面设计中可以使用翠绿色作为主色调，附加活力四射的橙色和阳光清爽的蓝色，3种颜色搭配会让整个画面充满年轻的活力四射的气氛。

| C69 M0 Y72 K0 | C0 M53 Y91 K0 | C71 M13 Y13 K0 |
| R229 G205 B112 | R254 G150 B2 | R42 G179 B110 |

3 现代的配色案例解析

同一色系的色彩搭配往往会显得比较稳重，又不失色彩的层次。在这款配色中，绿色和橄榄绿及黄绿色的搭配让整个界面具有很好的层次感，加上黑白的搭配具有很强的现代设计感。

| C77 M10 Y89 K0 | C55 M17 Y81 K0 | C42 M6 Y75 K0 |
| R0 G169 B78 | R133 G178 B83 | R170 G207 B93 |

案例赏析

案例赏析

在APP界面中绿色的使用还是比较多的,因为绿色可以带给人比较清新的感觉,并且一些偏冷的蓝绿色也是很受欢迎的。

蓝绿色经常和白色搭配,因为蓝绿色既有蓝色的纯净和清凉,又有绿色的安宁和舒心,显得非常干净爽快,给人一种高品质的感觉。另外,蓝绿色还可以和少量的紫色搭配,这样整个界面色彩比较丰富。

我们常用的是翠绿色和黄绿色(也叫草绿色),最适合搭配的是白色和灰色,可以让画面显得很清新舒服,带给人一种安宁的感觉,可以适当加入高明度的红色或者是橙色,这样可以让整个界面色彩更加协调。

01 原色搭配

4 蓝色——搭配出具有韵律动感的色彩方案

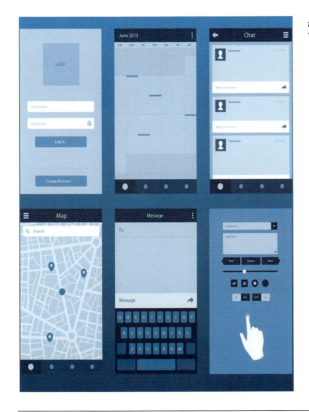

知识导读

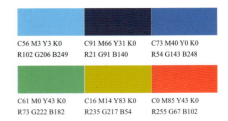

C56 M3 Y3 K0　　C91 M66 Y31 K0　　C73 M40 Y0 K0
R102 G206 B249　R21 G91 B140　　R54 G143 B248

C61 M0 Y43 K0　　C16 M14 Y83 K0　　C0 M85 Y43 K0
R73 G222 B182　　R235 G217 B54　　R255 G67 B102

1　蓝色能够带给人们一种清凉的感觉，干净爽快，并富有韵律和动感，所以在 APP 界面中，蓝色的使用还是比较多的。

2　蓝色常搭配同色系的色彩，这样会更有层次，蓝色和白色也是经典的搭配，常用于 APP 界面。

3　切记不要与比较深的暖色调，比如深红色等搭配，两种色彩放在一起比较闷、不透气。

　　蓝色所表达的意象有理性、优雅有教养、性情爽快、物欲淡薄、趣味高尚、男性化。蓝色本身给人的感觉是很干净清爽的，再加上同一色系的色彩搭配，层次更加分明，更加具有韵律和动感。

　　蓝色一般象征男性，可以带给人一种理性和年轻化的状态。在色彩搭配中，蓝色除了搭配同一色系的色彩之外，还可以跟其他亮一点的色彩搭配，比如高明度的蓝绿色、黄色，以及高明度的粉红色，但这几个色彩的比例不宜过多，容易使整个色彩搭配失去平衡和主色调。

　　蓝色与白色是经典的配色方案，不同的蓝色与白色相配，可以表现出明朗、清爽与洁净。深蓝色不能与深红色、紫红色、深棕色与黑色相配，因为这样既无对比度，也不明快，只有一种脏兮兮、乱糟糟的感觉。

1 信赖的配色案例解析

蓝色是一个非常理性的颜色,能够给人们可以信赖的感觉,所以在一些理财或跟金融相关的APP界面中,往往以蓝色为主色调,且因为红色带有警示性和标志性,所以重要的信息可以用红色的来表示。

| C72 M44 Y3 K0 | C59 M22 Y9 K0 | C6 M69 Y45 K0 |
| R81 G133 B202 | R107 G175 B217 | R241 G114 B113 |

2 精神的配色案例解析

黄色能够带给人们生机、活跃和温暖的感觉,所以在跟蓝色搭配的时候,使用少量的黄色会让整个画面很有精神,在比较安静的蓝色中加入黄色,打破了原来的宁静,所以在APP界面设计中这样的搭配会让人感觉很有精神。

| C72 M25 Y9 K0 | C59 M3 Y3 K0 | C6 M20 Y67 K0 |
| R51 G162 B215 | R90 G204 B250 | R251 G214 B100 |

3 干净的配色案例解析

蓝色和白色是一直以来受大家喜爱的色彩搭配,因为两种色彩搭配在一起会给人很干净的感觉,不仅是在APP界面中,在其他任何领域使用蓝色和白色的搭配都会给人干净、卫生、清爽的感觉。

| C79 M36 Y0 K0 | C63 M16 Y1 K0 | C8 M80 Y46 K0 |
| R0 G142 B223 | R85 G182 B238 | R236 G85 B103 |

01 原色搭配

案例赏析

蓝色是一个很干净的颜色，一提到蓝色我们就会想到蓝天白云，最常见的搭配就是蓝色和白色搭配，两种色彩搭配在一起给人一种很明快、很干净的感觉。

除此之外，在这几款 APP 中，蓝色中都适当加入了其他色彩，比如黄色、红色、橙色和绿色，丰富了画面的色彩，同时带给人们不同的感受。明度比较低的蓝色与白色的搭配给人一种冷静并且值得信任的感觉，一般会用在金融类的 APP 中或者用户名登录页面。

案例赏析

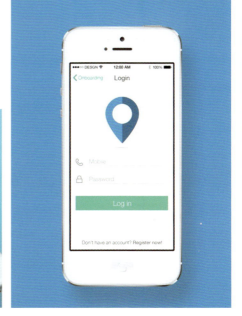

01 原色搭配

5

紫色——搭配出具有高级感的色彩方案

知识导读

C40 M74 Y0 K0　　　C70 M86 Y75 K0　　C35 M89 Y22 K0
R184 G89 B183　　　R111 G62 B141　　　R187 G57 B129

C61 M0 Y43 K0　　　C15 M11 Y68 K0　　C72 M18 Y1 K0
R73 G222 B182　　　R235 G224 B204　　R0 G172 B238

1 紫色是一种神秘的色彩，随时带给人们一种神秘的感觉，同时紫色也会给人一种高贵的感觉。

2 紫色属中性，所以在进行色彩搭配的时候比较容易，可以跟蓝色搭配，也可以跟红色搭配，还可以跟它的互补色黄色搭配。

3 紫色并不是跟所有的颜色都可以搭配的，明度低的紫色不适合与明度低的其他颜色搭配，在明度上尽量有大的反差。

　　紫色是高贵的、优雅的、唯美的、有艺术气息的，但同时也是孤独的、忧郁的。紫色的搭配方案很多，比如深与浅，浅色调的紫色给人年轻、轻盈、浪漫、梦幻、纯净的色彩印象，深色调的紫色则给人成熟、性感、妩媚的大女人印象；鲜艳与灰浊，鲜艳的紫色给人强烈、张扬的印象，而灰浊的紫色则给人含蓄、优雅、内敛的色彩印象；冷与暖，更偏蓝的紫色给人冷色印象，会给人安静、忧郁的色彩印象；而偏红的紫色则相对会给人热情、温暖的印象。

　　任何颜色都能与黑白灰搭配，紫色也不例外，鲜艳的紫色与白色搭配会非常显眼，与黑色搭配则会显得成熟、性感。紫色与灰色是绝配。紫色与它的邻近色如蓝色、粉色的搭配很协调，紫色与它的对比色如黄色、橙色的搭配则会显得很摩登。

1 有品位的配色案例解析

紫色本身是一个中性色彩，整体给人的感觉比较低调，高冷中带有一丝温暖，温暖中带着一点寒意，所以色彩比较稳定。紫色往往同色系或者邻近色搭配，这样会给人一种高品位的感觉。

| C79 M78 Y33 K0 | C56 M53 Y0 K0 | C40 M54 Y0 K0 |
| R82 G75 B126 | R139 G126 B231 | R178 G131 B211 |

2 浪漫的配色案例解析

紫色介于蓝色与红色之间，也最适合与蓝色、红色进行搭配，当然红色不要用大红，偏向于品红，3种色彩搭配在一起可以产生一种浪漫的氛围。

| C96 M100 Y50 K8 | C27 M79 Y0 K0 | C71 M38 Y0 K0 |
| R43 G31 B97 | R216 G75 B180 | R62 G147 B248 |

3 有贵族气质的配色案例解析

偏红一点的紫色更能够代表女性，尤其是散发着贵族气息的女性，在这种色彩搭配中，紫色不宜偏蓝，颜色明度不宜过高，明度偏暗、偏红的紫色更加稳重，适当加入一点高明度的蓝绿色和蓝灰色作为点缀，贵族气息更加浓厚。

| C73 M100 Y50 K17 | C82 M55 Y39 K0 | C72 M6 Y47 K0 |
| R95 G24 B82 | R52 G109 B136 | R37 G183 B162 |

案例赏析

案例赏析

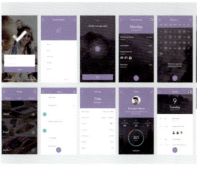

紫色是一个中性色彩，亦暖亦冷。与紫色搭配的大多数是同色系，在整体色彩的搭配过程中可以适当加入一些亮色的搭配。

紫色和紫红色搭配，再加上蓝色点缀，可以展示出色彩斑斓的效果，展示出年轻人的活力，以及生活的多姿多彩。另外，紫色也是很高贵的色彩，常常用于女性，如女性的手机APP都可以考虑使用紫色，但高明度的紫色适合少女，颜色不宜过冷，尽量偏向紫红色。颜色偏暗的紫色和偏冷的紫色比较适合青年或者中年女性，这种色彩可以展示女性高贵的一面，更加沉稳、大气。

01 原色搭配

6
灰色——使人感受到不安稳或不协调的配色

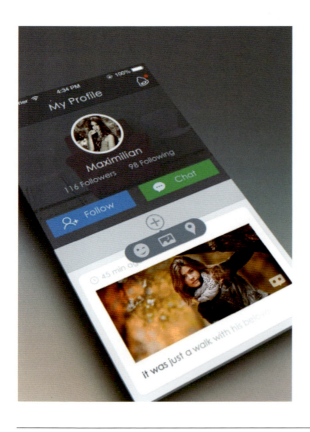

知识导读

C81 M74 Y67 K39　　C30 M21 Y14 K0　　C11 M9 Y3 K0
R52 G55 B60　　　　R191 G195 B207　　R232 G232 B240

C61 M0 Y43 K0　　　C15 M11 Y68 K0　　C16 M74 Y53 K0
R73 G222 B182　　　R235 G224 B204　　R221 G99 B98

1 灰色在 APP 界面设计中使用得也比较广泛，带给人一种安静的感觉。

2 灰色有不同程度的深浅，多种层次的变化会带给人们一种新的体验，当然灰色和一些比较亮的色彩搭配也是很棒的，但是鲜艳的色彩面积不宜过大。

3 灰色不适合搭配太多的鲜艳色彩，尤其是色相数量比较多的，其次是鲜艳色彩的面积不宜多过大，起到点缀作用就可以。

灰色属于中间色，既非暖色又非冷色，它可以跟任何一种颜色进行搭配。

灰色搭配白色、黑色都是经典的搭配。暖色系的红色也可以与灰色搭配，粉橙色系搭配灰色会使界面看起来更柔和。粉色、绿色、红色和浅蓝色都是灰色比较经典的搭配。

因为灰色比较大众，就像黑色和白色是万搭色一样，且灰色比较暗，搭配宝蓝色和艳一点的红色会有不错的效果。

所以在手机 APP 界面设计中，灰色的使用率也是比较高的。

1 平稳的配色案例解析

灰色本身就很安静，跳跃度不高，所以灰色在 APP 界面中感觉比较平稳，但是要适当搭配一些亮色，这样不至于使整个画面太过于沉闷。

C77 M63 Y51 K6	C73 M33 Y0 K0	C72 M11 Y68 K0
R78 G94 B109	R56 G151 B231	R61 G173 B115

2 成熟的配色案例解析

灰色的另外一种搭配方式就是与同色系搭配，灰色的不同明度的搭配可以让整个画面更有层次感，整体设计稳重、大气，具有成熟男人的魅力。

C85 M77 Y64 K39	C78 M65 Y52 K8	C44 M35 Y22 K0
R42 G52 B62	R74 G90 B105	R159 G162 B179

3 严肃的配色案例解析

灰色通过渐变的形式进行搭配设计也是一种很好的方式，蓝灰色和浅蓝灰色再加上稍微有点暖的色调进行搭配，颜色整体看上去比较严肃。

C88 M82 Y67 K49	C74 M55 Y37 K0	C46 M43 Y38 K0
R31 G39 B50	R86 G112 B139	R156 G144 B144

01 原色搭配

案例赏析

案例赏析

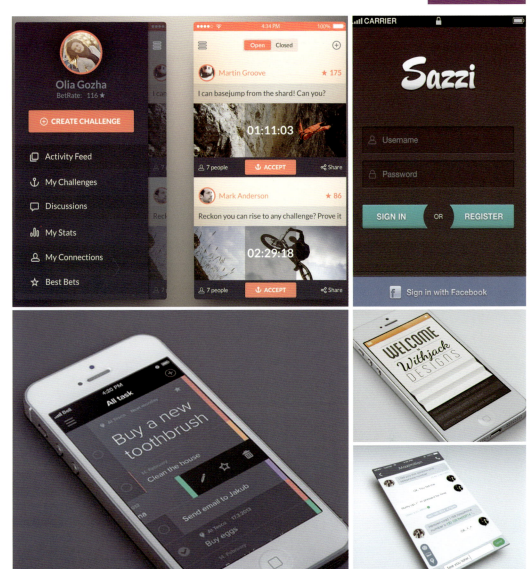

灰色不会让人产生一些强烈的情感，不容易让人激动，比较平静。它不像黑色那么鲜明，但是明度比较低的灰色同样可以做到黑色能做到的事情，明度比较高的灰色也可以达到白色能达到的效果，但是又不会像白色那样显得那么死板。在设计中一定要注意灰色也有正面和负面的含义，有时候灰色也会用来描述单调或者暗淡的东西，在灰色中适当加入一点色彩倾向，也许会有更好的收获，比如蓝灰、紫灰、炭灰色等。

01 原色搭配

7

橘色——搭配出充满活力的色彩方案

知识导读

C81 M74 Y67 K39　　C30 M21 Y14 K0　　C11 M9 Y3 K0
R52 G55 B60　　　　R191 G195 B207　　R232 G232 B240

C61 M0 Y43 K0　　　C15 M11 Y68 K0　　C16 M74 Y53 K0
R73 G222 B182　　　R235 G224 B204　　R221 G99 B98

1 橙色在界面设计中的应用比较广泛，橙色比较亮丽，给人一种温暖的感觉。

2 橙色是红色和黄色的中间色，所以橙色的搭配色可以扩大到红色和黄色，中间还有橙红色和橙黄色。在搭配时还可以适当加入一些冷色，比如绿色和蓝色等。

3 与橙色搭配的蓝色和绿色颜色纯度不宜过高，明度也不宜过高，蓝色尽量使用低明度的蓝灰色和藏蓝色等。

　　橙色是介于红色与黄色之间的色彩，既有红色的热情高涨，也有黄色的温暖阳光，所以橙色是最欢快、最活泼的色彩，同样橙色也是暖色系中最暖的色彩。橙色是一种丰收的色彩，它使人联想到金色的秋天、丰硕的果实，是一种富足、快乐而幸福的颜色。因其具有明亮、华丽、健康、兴奋、温暖、欢乐、辉煌，以及容易动人的色感，多作装饰色。

　　橙色可以和白色搭配，使画面显得更加亮丽，还会带给人一种甜蜜的感觉；橙色和同色系搭配，比如橙红色、橙黄色等，层次更加丰富；橙色还可以跟灰色搭配，给人一种比较安静的感觉。由于橙色比较活泼，稍稍混入黑色，会变成一种稳重、含蓄又明快的暖色，但混入较多的黑色，就成为一种烧焦的颜色；橙色可以和明度较低的蓝灰色或藏青色及蓝绿色搭配，这样更能够显示出橙色的明快，冷暖色的对比会让整个色彩搭配更加协调。

1. 幸福的配色案例解析

橙色本身就可以带给人一种温暖的感觉，再加入一些橙红色，暖意更浓，适当加入一些金色，整个界面会让人有一种幸福的感觉。在进行色彩搭配的时候，还可以适当加入冷色作为对比，但是不宜过多。

C9 M72 Y80 K0　　C9 M23 Y67 K0　　C42 M40 Y55 K0
R233 G106 B53　　R244 G206 B99　　R167 G152 B119

2. 快乐的配色案例解析

橙色和白色的搭配会使整个界面明快活跃，再加上少量明度较高、纯度适中的绿色和蓝色等作为点缀，整个画面会给人带来一种欢快的感觉。

C19 M49 Y73 K0　　C12 M27 Y66 K0　　C59 M10 Y70 K0
R218 G150 B77　　R236 G179 B102　　R117 G185 B11

3. 阳光的配色案例解析

橙色常常和明度较高的灰色搭配，橙色和灰色搭配的效果也是很明快的，在活泼中有一种稳定感。偏红一点的橙色和偏黄一点的橙色再加上高明度的灰色，整个界面非常干净、明快、充满阳光。

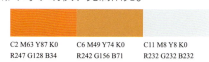

C2 M63 Y87 K0　　C6 M49 Y74 K0　　C11 M8 Y8 K0
R247 G128 B34　　R242 G156 B71　　R232 G232 B232

案例赏析

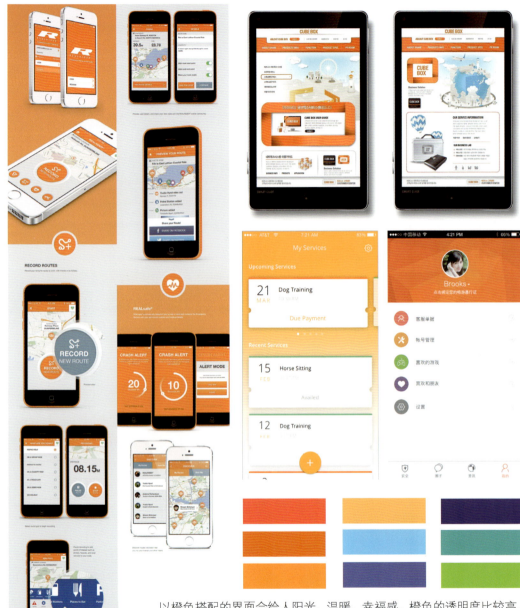

以橙色搭配的界面会给人阳光、温暖、幸福感。橙色的透明度比较高，最鲜明的橙色能够带给人庄严、尊贵、神秘的感觉，同时橙色常常会作为一种警示性的颜色出现，比如针对手机性能测试的软件，显示橙色则提示用户该清理手机垃圾了。

橙色与浅绿色和浅蓝色搭配，可以构成最响亮、最欢乐的色彩。橙色与淡黄色搭配有一种很舒服的过渡感。橙色一般不能与紫色或深蓝色搭配，这将给人一种不干净、晦涩的感觉，但是可以跟纯度比较低的蓝灰色搭配。

案例赏析

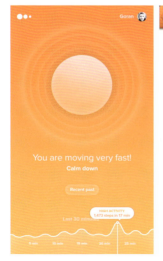

01 原色搭配

8

茶色——搭配出温暖舒心的色彩方案

知识导读

| C64 M64 Y86 K25 | C53 M53 Y88 K4 | C7 M44 Y71 K0 |
| R99 G82 B52 | R141 G121 B60 | R242 G166 B82 |

| C56 M67 Y98 K20 | C9 M72 Y80 K0 | C59 M10 Y70 K0 |
| R119 G84 B38 | R233 G106 B53 | R117 G185 B110 |

1 茶色类似于咖啡色，整体颜色偏浅一些，给人一种温馨、暖暖的感觉。

2 茶色可以选择与同色系搭配，这样色彩稳定性强一些，因为茶色本身不是很跳跃，所以比较适合与褐色和咖啡色等类似的颜色进行搭配，层次感强。

3 偶尔可以使用较为跳跃的色彩与茶色搭配，以打破茶色本身的稳定性，但是跳跃性色彩不宜过多，过多就会影响到整体的安静感。

茶色来自于茶叶的颜色，茶水的颜色有深有浅，有的偏暖，有的偏冷，比如红茶颜色就更暖一些，而绿茶颜色偏绿、偏冷，所以茶色也有很多种，层次比较多。

茶色相对于其他颜色来讲比较稳重、安静，给人一种比较温暖的感觉，有一种家的味道。茶色可以搭配相近的颜色，比如咖啡色、偏暖的橄榄绿色、浅咖啡色、纯度较低的黄色等，这些色彩搭配可以增加画面的层次，又不会打破色彩原有的安静感。在为茶色配色的时候可以适当加入一些橙色、明度较高的天蓝色、黄绿色等，这些颜色不宜过多，这样可以在整个色彩搭配中有几个跳跃的颜色，不至于让整个色彩搭配显得那么沉闷，但是这些色彩由于跳跃度较高，所以不适合用得太多。

1 给人亲切感的配色案例解析

当我们喝一口咖啡的时候，全身会感觉到比较舒服，有一种亲切的感觉，深咖啡色和浅咖啡色的搭配是我们常用的搭配方式，两种色彩会带给人一种亲切的感觉。

C54 M74 Y97 K24　　C70 M71 Y76 K39　　C23 M32 Y45 K0
R121 G73 B37　　　　R73 G60 B51　　　　R209 G181 B144

2 温暖的配色案例解析

偏冷一点的茶色中搭配了暖暖的咖啡色，再加上暖暖的黄色，就像寒冷中升起了火焰，这种搭配能够带给人们很强的温暖的感觉。

C65 M58 Y76 K14　　C59 M70 Y100 K28　　C19 M39 Y71 K0
R103 G99 B72　　　　R107 G73 B25　　　　 R220 G168 B85

3 有家庭感的配色案例解析

茶色中也有偏红的色彩，低纯度的粉红色，加入高明度的茶色，再适当搭配一点暖暖的黄绿色，色彩的融合与搭配让人感到温馨舒服，给人一种家的味道。

C4 M51 Y44 K0　　C0 M27 Y36 K0　　C23 M16 Y61 K0
R244 G154 B230　　R254 G206 B166　　R215 G209 B151

01 原色搭配

案例赏析

案例赏析

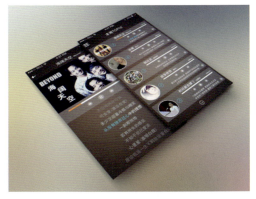

在茶色的色彩搭配中，既要保持安全保守的搭配原则，又要在原来搭配的基础上增加一些跳跃度较高的色彩，来增加亮点。

在色彩搭配中，切记不要有太多的深茶色。黑色和茶色也是不错的搭配方式，但是两种色彩不要太多，如果黑色过多，颜色会显得焦糊。适当增加一些反差比较大的色彩，比如天蓝色、黄色等，可以让整个画面活跃起来。

01 原色搭配

9
黑色——搭配出性感的色彩方案

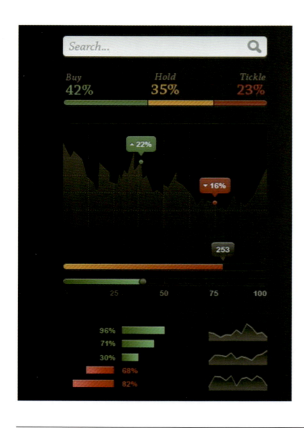

知识导读

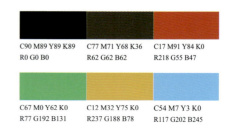

C90 M89 Y89 K89　　C77 M71 Y68 K36　　C17 M91 Y84 K0
R0 G0 B0　　　　　　R62 G62 B62　　　　R218 G55 B47

C67 M0 Y62 K0　　　C12 M32 Y75 K0　　 C54 M7 Y3 K0
R77 G192 B131　　　 R237 G188 B78　　　R117 G202 B245

1　黑色是一种很稳重的色彩，跳跃度不高。

2　黑色与很多色彩都可以搭配，可以说是百搭的色彩，尤其是跟明度较高的色彩搭配起来非常耀眼。

3　在与黑色搭配的时候要注意所搭配的色彩颜色明度不宜过低，因为黑色本身就是很暗的，再加上明度比较低的色彩就会显得很沉闷。

　　黑色属于无色彩系，它是神秘的，也是庄重的、严肃的。黑色和白色是经典的搭配，同时，又是极端对立的颜色。黑色是一种很强大的色彩，它可以很庄重、高雅，让其他颜色（亮色）凸显出来。在只使用黑色而不用其他颜色的时候，会有一种沉重的感觉。

　　黑色几乎是所有颜色的好搭档。即便是暗色系的颜色，也会和黑色搭配出好的效果。它和白色搭配可以提供很棒的对比。黑色和红色同样非常引人注目，当和橙色搭配的时候依然很有吸引力。黄色在黑色的背景上真的很突出，但是浅蓝色却会传递一种保守的味道。

1 权威的配色案例解析

黑色会给人一种比较冷静的感觉，有时候会是一种比较高冷的感觉，尤其是大面积的黑色，有一种权威的象征，这种情况下适合搭配少量的亮色，但是面积不宜过多，以点状或者线状为主。

| C93 M89 Y87 K79 | C69 M0 Y65 K0 | C26 M15 Y74 K0 |
| R0 G0 B0 | R22 G206 B130 | R209 G207 B89 |

2 高级的配色案例解析

当黑色配上灰色和白色时，颜色的多种层次变化显示出一种高端的味道，在这种无色系色彩中适当加入亮色作为点缀是一种不错的选择。

| C93 M89 Y87 K79 | C40 M32 Y30 K0 | C67 M0 Y79 K0 |
| R0 G0 B0 | R167 G167 B167 | R34 G213 B96 |

3 现代的配色案例解析

黑色是百搭的色彩，黑色的背景本身就是稳重和冷静的，在这种安静的状态下加入红色和蓝绿色，纯度不要过高，这样色彩就会被黑色的背景衬托出来，凸显一种现代的设计感。

| C93 M89 Y87 K79 | C69 M0 Y45 K0 | C11 M69 Y42 K0 |
| R0 G0 B0 | R9 G203 B173 | R230 G113 B118 |

案例赏析

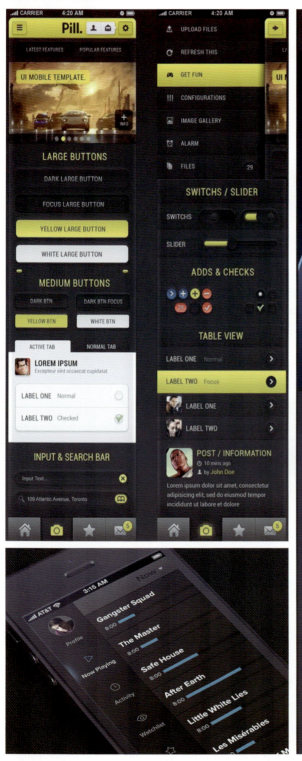

案例赏析

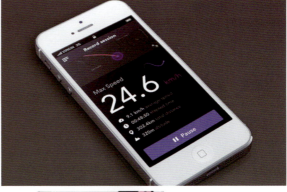

黑色应该是最好搭配的颜色,因为黑色的包容度很高,几乎可以跟所有的色彩进行搭配使用。

但是在色彩搭配中应该注意几点:第一,搭配的亮色不宜过多,2～4种最好。第二,搭配的亮色面积不宜过大,因为亮色本来就很跳跃,活跃度太高,如果面积过大,就会造成整个画面的不协调,没有统一性。第三,画面搭配的色彩明度不宜过低,因为黑色本深就是很暗的色彩,如果再加上低明度的色彩,整个配色就会很闷,没有一点活力。

01 原色搭配

10 白色——搭配出时尚高贵的界面

知识导读

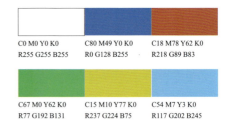

| C0 M0 Y0 K0 | C80 M49 Y0 K0 | C18 M78 Y62 K0 |
| R255 G255 B255 | R0 G128 B255 | R218 G89 B83 |

| C67 M0 Y62 K0 | C15 M10 Y77 K0 | C54 M7 Y3 K0 |
| R77 G192 B131 | R237 G224 B75 | R117 G202 B245 |

1. 白色是明度最高的无色相颜色，白色也可以说是所有光的颜色的集合。

2. 白色是一个中立的颜色，常常作为背景色，同时白色也是一个百搭的色彩，可以跟任何色彩搭配。

3. 在与白色搭配时，色相不宜过多，色彩的明度不宜过高，因为白色本身就是明度最高的色彩，如果全是高明度的色彩，整体太过于高调。

  白色是所有色彩中明度最高的，也是透明度最高的，是一个非常纯洁和干净的颜色，白色还是光明的象征。白色明亮干净、畅快、朴素、雅致与贞洁，但它没有强烈的个性，不能引起味觉的联想，但引起食欲的色彩中不应没有白色。

  在商业设计中，白色象征着高级、科技，通常需和其他色彩搭配使用，纯白色会带给别人寒冷、严峻的感觉，所以在使用白色时，都会掺一些其他的色彩，如象牙白、米白、乳白、苹果白等。在APP界面设计中，纯白色使用得并不多，往往会与很多种色彩进行搭配。不管跟蓝色搭配还是绿色搭配，都能够凸显出白色带给人们的纯净，给人一种严肃、清爽、环保的感觉，往往可以用于学校、IT、食品等行业上。白色并不适合与高明度的色彩进行搭配，这样会显得惨白无力，可以适当降低色彩的明度，会带来比较好的效果。

1 朴素的配色案例解析

白色本身就是很单调的色彩，以白色为背景，多种小面积色彩作为点缀，也是APP界面设计常用的一种配色手段。大面积白色与小面积的红色、绿色和蓝色的简单搭配，可以显示出一种朴素的感觉，整体又不会很单调。

C3 M86 Y44 K0	C69 M0 Y65 K0	C64 M15 Y16 K0
R243 G65 B101	R22 G206 B130	R86 G181 B213

2 纯洁的配色案例解析

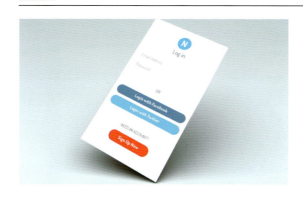

当白色与蓝色搭配的时候，会带来一种清凉、纯洁、干净的感觉。偏灰一点的白色，再加上两种明度不同的蓝色，会带来一丝纯净，同时再加上一点红色作为点缀，整个画面又不会过于安静，在安静中也有一丝活跃。

C58 M0 Y5 K0	C71 M33 Y18 K0	C0 M88 Y72 K0
R80 G213 B254	R74 G149 B191	R253 G57 B58

3 严肃的配色案例解析

灰紫色和高明度的灰蓝色本身就是跳跃度比较低的色彩，整体倾向于一种冷色调，与白色搭配会使界面显得更加冷静，整体给人一种非常严肃的感觉，再加上少量的绿色作为点缀也不会影响整体的效果。

C48 M36 Y0 K0	C69 M0 Y45 K0	C35 M1 Y10 K0
R150 G160 B249	R9 G203 B173	R177 G225 B236

01 原色搭配

案例赏析

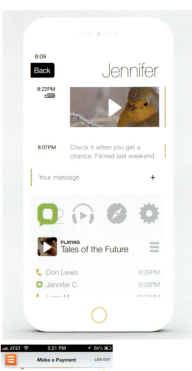

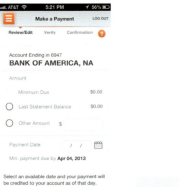

案例赏析

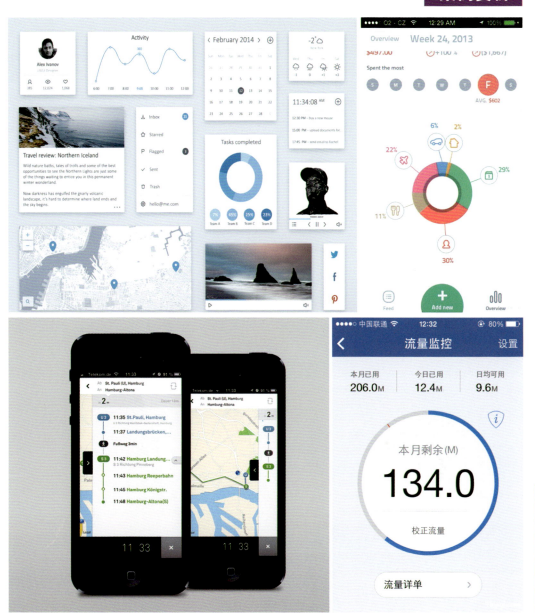

白色虽然可以跟任何色彩进行搭配和使用，但要注意其他的色彩种类不宜过多，否则会打破原来的安宁。另外，与白色搭配的色彩面积也不能过大，不能影响整体的色彩倾向，要时刻保留白色带给人们的那种纯净的感觉。

有色相的色彩在与白色搭配时只是作为一种点缀和搭配，一定要注意视觉上的和谐性。

01 原色搭配

02

色彩搭配

自然色彩搭配

11
搭配出自然的晨光的色彩方案

知识导读

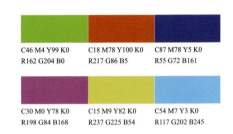

C46 M4 Y99 K0　　C18 M78 Y100 K0　　C87 M78 Y5 K0
R162 G204 B0　　R217 G86 B5　　R55 G72 B161

C30 M0 Y78 K0　　C15 M9 Y82 K0　　C54 M7 Y3 K0
R198 G84 B168　　R237 G225 B54　　R117 G202 B245

1　晨光的色彩一般比较柔和，搭配方式比较多，太阳升起的地方充满暖色，绿色草坪上的晨光，则温馨惬意。

2　在选择这些色彩搭配的时候尽量使用一些比较柔和的色彩，纯度不宜过高，最好是同色系或者邻近色。

3　在进行晨光色彩搭配的时候一定要注意色彩的明度不宜过高，更不能偏低，不能使用无色系，比如黑色、灰色和白色。

　　晨光其实是早晨太阳升起那一刻周边的色彩的变化，其实在这一瞬间周边色彩变化是很大的。天边的色彩由冷冷的蓝色逐渐变亮，变成偏黄的白色。而草地上也是由偏蓝的色调，随着太阳的升起，呈现一种黄绿色，给人一种希望和生机的感觉。

　　晨光的色彩主要表现一种安静的状态，在安静中大地万物随着太阳的升起，逐渐从梦境中苏醒过来。淡紫色、淡蓝色、黄绿色、粉色等这些都可以用于表现晨光的色彩。太阳升起前可以使用蓝色和紫色搭配，升起的那一刻草坪上的色彩可以用黄色和黄绿色的搭配。

　　因为清晨是一天中最舒适的时刻，一定要选择比较温和舒适的色彩，色相对比不要太大，最好选择同一色系，或者邻近色进行搭配，切记不能使用黑色和灰色。

1 清静的配色案例解析

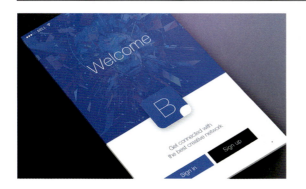

蓝色给人的感觉是冷静、稳重,当然蓝色也是黎明前大地的色彩,黎明前的安静使用蓝色来表现,太阳升起之前的那一丝光带着暖意,蓝色和紫色的搭配正体现了清晨太阳升起之前那种安静的氛围。

C88 M67 Y0 K0
R34 G89 B179

C80 M51 Y0 K0
R47 G118 B208

C47 M53 Y11 K0
R155 G131 B179

2 希望的配色案例解析

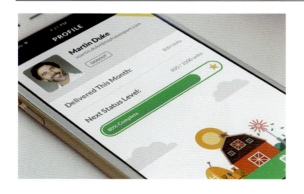

绿色是带给人希望的色彩,当清晨来临,太阳升起,大地开始复苏的时候,暖暖的阳光,绿色的草坪,丰盛的早餐,可以打造一个非常惬意的清晨。

C21 M74 Y77 K0
R212 G98 B62

C16 M38 Y81 K0
R227 G171 B60

C72 M5 Y70 K0
R52 G181 B114

3 温和的配色案例解析

清晨太阳光照射大地的那一刻,当阳光与空气相融合的那一刻,是非常令人惬意和舒服的,我们往往会选择蓝色、浅橙色和红色搭配。

C77 M60 Y16 K0
R75 G105 B166

C5 M74 Y64 K0
R240 G102 B79

C1 M40 Y47 K0
R252 G180 B134

案例赏析

案例赏析

在晨光的配色中，我们常常会选择比较清新的色彩，多考虑一下同色系或者是邻近色的搭配，这样色彩比较柔和，不会很突兀。蓝色一般更能代表清晨的那份安静，绿色会给人带来很舒心的感觉，紫色会带给人们黎明那一瞬间的神秘感，黄色和红色能够带给人们希望和光明。

搭配色彩的时候一定要注意整体的协调性，色彩不能多，整体明度可以稍微偏高，色彩过渡要自然。切忌使用过多的黑色和灰色，它们可以作为背景色，但是不能成为主色。

02 自然色彩搭配

12
搭配出太阳光的色彩

知识导读

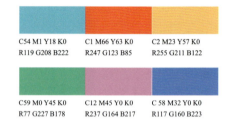

| C54 M1 Y18 K0 | C1 M66 Y63 K0 | C2 M23 Y57 K0 |
| R119 G208 B222 | R247 G123 B85 | R255 G211 B122 |

| C59 M0 Y45 K0 | C12 M45 Y0 K0 | C 58 M32 Y0 K0 |
| R77 G227 B178 | R237 G164 B217 | R117 G160 B223 |

1　太阳光是由多种光的色彩混合而成的，亮度比较高，在进行色彩搭配的时候主要把握色彩的明度和纯度。

2　往往会选择常用的红、黄、蓝、绿等色彩搭配，但是这些色彩的明度较高，纯度不高，显示出一种夏日阳光的色彩。

3　进行色彩搭配的时候，因为整体色调是比较高的，色彩纯度不宜过高，避免大面积使用黑色，或者不要使用黑色，用鲜艳的色彩凸显太阳光。

　　我们平时常见的白色太阳光称为可见光，它是人眼可以感知的，传统的白色光可以分解成 7 种颜色，即：红、橙、黄、绿、蓝、靛、紫。

　　太阳带给我们的是光明、积极向上的感觉，所以我们选择的色彩明度相对较高，在进行色彩搭配的时候，明度偏高的色彩会带给我们一种兴奋快乐的感觉。当然色彩的纯度不能太高，否则原本色相之间的冷暖对比过于强烈，会给我们造成一种不舒服的感觉。

　　阳光的色彩搭配在手机 APP 界面中的使用也是比较多的，强烈的色彩带给人们一种愉悦的感觉，但是在选择色彩的时候要尽量避免纯黑色和纯度及明度较低的色彩，因为这些色彩会带给人们一种消极的态度。

1 明亮的配色案例解析

在手机 APP 界面设计中常用明亮的色彩搭配，这种搭配方式选择的是明度较高的色彩，往往以蓝色和白色为主色调，加上少量黄色、橙色、绿色或者红色等作为辅助（点缀）色彩，整个色调是非常明快的。

C70 M20 Y12 K0　　C3 M31 Y86 K0　　C5 M59 Y71 K0
R58 G170 B216　　R255 G194 B33　　R242 G136 B74

2 健康的配色案例解析

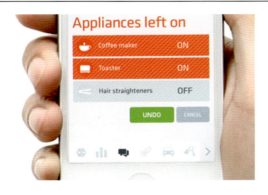

当清新的绿色配上橙红色的时候，这种感觉是非常舒心的，也是一种积极向上、阳光健康的配色方案。背景主要以白色为主，适当地搭配高明度的灰色，也能够丰富 APP 界面的色彩。

C52 M5 Y87 K0　　C7 M79 Y87 K0　　C32 M16 Y16 K0
R143 G199 B66　　R237 G87 B37　　R185 G202 B209

3 丰富的配色案例解析

在为手机 APP 界面搭配色彩的时候可以用大的色块，这也是一种很好的方法，蓝绿色加上黄色再配上低纯度的红色，整体色彩不是很高调，但是又很干净，整体令人感觉非常和谐舒服。

C62 M3 Y37 K　　C7 M17 Y67 K0　　C11 M69 Y42 K0
R94 G196 B182　　R249 G218 B102　　R230 G113 B118

案例赏析

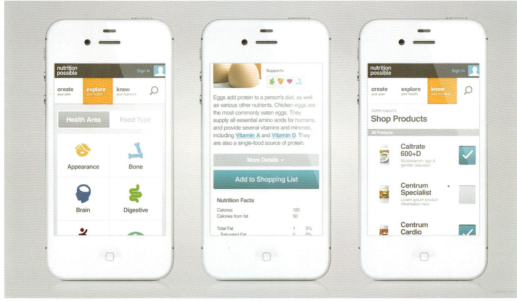

太阳光的色彩是比较明亮、柔和的，给人充满生机和希望的感觉。在进行色彩搭配的时候，选择的色彩对比不要过于强烈，尽量选用较为明亮的色彩，能够给人比较积极向上的感受。

案例赏析

02 自然色彩搭配

13 搭配出霞光的色彩

知识导读

C54 M1 Y18 K0　　C1 M66 Y63 K0　　C2 M23 Y57 K0
R119 G208 B222　　R247 G123 B85　　R255 G211 B122

C59 M0 Y45 K0　　C12 M45 Y0 K0　　C 58 M32 Y0 K0
R77 G227 B178　　R237 G164 B217　　R117 G160 B223

1. 霞光是我们常见的一种自然现象，一般霞光的色彩比较柔和，没有太强的色相冲突。

2. 进行色彩搭配的时候，一般使用渐变色，主色调为紫红色，不过有时候也会搭配蓝色。

3. 搭配霞光色的时候不能出现太多色相不同的色彩，尤其是冷暖冲突比较大的色彩。

　　霞光是大气中悬浮颗粒物（尘埃、冰晶、水滴等杂质）对阳光的折射、散射和选择性吸收形成的。阳光中的蓝、紫、青等颜色的光波较短，被大量散射出去，红、橙、黄等颜色的光波较长，透光能力强，不容易被散射，所以我们看到的霞光大多呈红色、橙色。霞光是一种人们日常生活中常见的自然现象，在清晨和傍晚出现。

　　在手机 APP 界面中，首选的色彩大多是紫红色、红色和橙色，运用的时候尽量使用 3 种色彩之间的渐变，这样整个色彩也会比较丰富一些。在搭配色彩的时候，除了常用的这些色彩，有时候也会考虑冷色调的运用。朝霞往往是在天亮之前的那一瞬间，整个天空都是蓝色的，所以搭配色彩的时候可以考虑加入蓝色，增加色彩的冷暖对比。

　　在霞光色彩的搭配中，尽量避免使用大量的黑色及相对立的色彩，比如红色和绿色等，还有一点就是色彩的明度要有对比，不能全是明度较低的色彩，这样整体会比较昏暗，没有光明，就感觉没有希望。

1 明亮的配色案例解析

清晨霞光的色彩对比是非常强的，清晨天空的蓝色，再加上太阳刚升起时的橙色和黄色的对比，整个色彩特别亮丽，对比鲜明，充满朝气。手机 APP 界面色彩搭配可以选择这 3 种色彩作为主色调的搭配方式。

| C87 M86 Y11 K0 | C3 M31 Y86 K0 | C5 M59 Y71 K0 |
| R65 G61 B146 | R255 G194 B33 | R242 G136 B74 |

2 浪漫的配色案例解析

当在海边看落日的时候，大海与天相接的地方透出浪漫的色彩，这时候的霞光感觉暖暖的，由紫红色到金黄色变化，温馨、浪漫而舒适。在为手机 APP 界面搭配色彩的时候可以选用这 3 种颜色的搭配。

| C31 M79 Y43 K0 | C2 M65 Y42 K0 | C4 M39 Y55 K0 |
| R193 G85 B111 | R247 G125 B122 | R248 G180 B119 |

3 神秘的配色案例解析

明度较低的紫红色带给人们一种神秘感，色彩不张扬，也不含蓄，若隐若现。采用同一色系的渐变色进行搭配，更能够显示出霞光的神秘。

| C64 M65 Y50 K4 | C36 M55 Y40 K0 | C4 M30 Y29 K0 |
| R115 G97 B109 | R180 G130 B133 | R246 G198 B176 |

02 自然色彩搭配

案例赏析

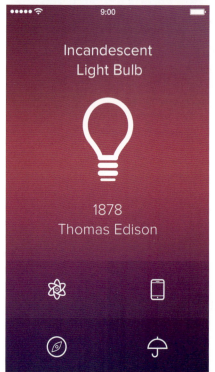

案例赏析

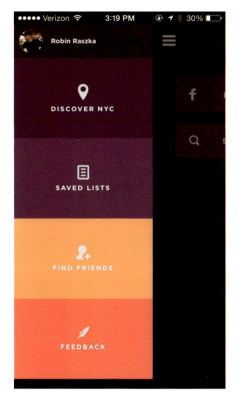

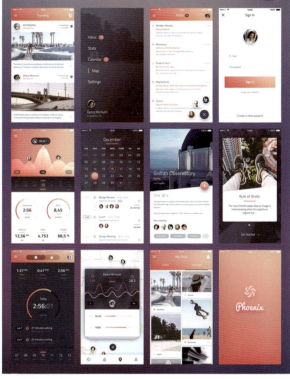

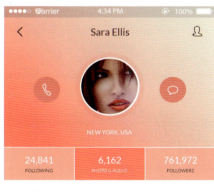

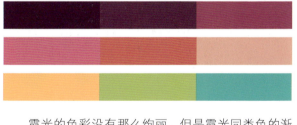

霞光的色彩没有那么绚丽，但是霞光同类色的渐变美得让人惊讶，这就是为什么很多人都喜欢拍霞光。

在手机 APP 界面的色彩搭配设计中，用得最多的就是紫红色、红色及黄色的渐变，以及不同明度、纯度的变化，颜色由暗到亮的渐变，这些不同的色彩搭配方案带给人们各种不同的感受，时而浪漫、时而神秘、时而欢快、时而沉静。

在手机 APP 界面中使用霞光色彩的配色方案时，尽量避免用纯黑色，可以使用偏暖的灰色和明度高一些的黄绿色和蓝绿色，但是这些颜色的面积不宜过大，适当做点缀就可以。

14
搭配出春天的色彩

知识导读

C81 M26 Y93 K0　　C51 M9 Y100 K0　　C7 M6 Y77 K0
R18 G146 B71　　　R146 G193 B1　　　R254 G237 B69

C5 M57 Y89 K0　　　C10 M77 Y71 K0　　C 62 M15 Y10 K0
R243 G140 B28　　　R231 G92 B67　　　R91 G183 B224

1　春天，万物复苏，大地呈现出一种嫩绿色，整体以绿色为主。

2　同时春天也是各种植物发芽开花的时候，各种色彩为春天增添了一些亮点，所以在搭配 APP 界面色彩的时候，不一定只有绿色，可以有多种色彩。

3　春天的色彩搭配一定要保持清新，不要使用太过于厚重的色彩，比如深红色、深蓝色、黑色、墨绿色等，这些都不适合。

一年之计在于春，春天来临，大地万物复苏，所有的植物都开始冒出新芽，给大地铺上一层绿色的薄纱。提到春天，人们首先想到的色彩是绿色，绿色能够带给人们好的心情和新的希望，所以在表现春天的 APP 界面中大多数以绿色为主。其实春天的色彩不仅仅是绿色，当春天来临的时候，很多植物到了花期，各种色彩也就充满了整个世界。

绿色色彩的搭配方案一般也以浅色为主，不要太深的色彩，否则会让人感觉比较沉闷，当考虑使用其他色彩的时候，主要以黄色和粉红色为主，其他色彩可以有少量的点缀，但不宜过多。

1 青春的配色案例解析

一想到青春，当然绿色是跑不掉的，绿色代表着青春活力、朝气、希望。进行手机APP界面色彩设计的时候要注意色彩的明度不能太低，因为要表现出青春的感觉，色彩要更亮丽一些。

C78 M38 Y98 K1　　C48 M5 Y88 K0　　C32 M0 Y82 K0
R62 G132 B60　　　R155 G202 B60　　R200 G233 B59

2 新鲜的配色案例解析

一提到新鲜，人们想到的肯定是发芽的状态。使用绿色进行新鲜风格的配色时，首先考虑的就是黄绿色，明度不能太低，由浅绿色到高明度的黄绿色，再到高明度、低纯度的黄色，这样的色彩渐变能够表现出新鲜的特征。

C68 M9 Y100 K0　　C36 M0 Y68 K0　　C13 M0 Y44 K0
R84 G177 B45　　　R184 G235 B108　　R236 G244 B167

3 欢乐的配色案例解析

春天除了绿色，还有多姿多彩的色彩，这种色彩给人们能够带来无限的欢快。春天来了，花开了，进行色彩搭配的时候可以选择一些明度较高的色彩，明度比较低的色彩尽量少用。

C0 M76 Y35 K0　　C70 M0 Y92 K0　　C6 M17 Y88 K0
R255 G98 B132　　R3 G204 B58　　　R254 G218 B2

案例赏析

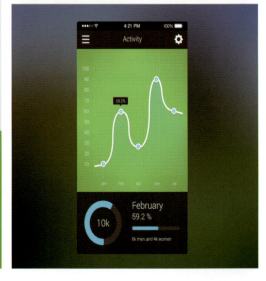

案例赏析

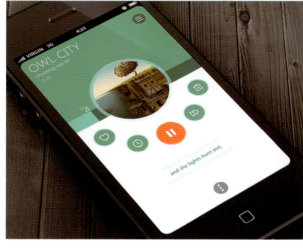
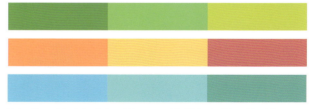

春天的色彩是带有希望及青春活力的色彩，所以在进行手机 APP 界面色彩搭配的时候不要仅仅局限于绿色，除了绿色还可以使用黄色、橙色、红色、浅蓝色、蓝绿色等，这些色彩搭配方案都是非常具有活力的。

在进行色彩搭配的时候切记不要使用太多明度很低的色彩，更不能使用大面积的黑色和灰色，最好使用白色的背景或者是明度比较高的灰色。

15
搭配出夏天的色彩

知识导读

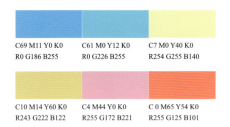

C69 M11 Y0 K0　　C61 M0 Y12 K0　　C7 M0 Y40 K0
R0 G186 B255　　R0 G226 B255　　R254 G255 B140

C10 M14 Y60 K0　　C4 M44 Y0 K0　　C 0 M65 Y54 K0
R243 G222 B122　　R255 G172 B221　　R255 G125 B101

1　夏天的色彩搭配要给人一种比较清爽的感觉，不要使用太过厚重的色彩。

2　使用的色彩主要以高明度的色彩为主，搭配夏天色彩的时候冷色调可以多一些，这样在视觉效果上会让人感觉凉爽一些。

3　在搭配夏天色彩的时候尽量不要用太多的暖色调，尤其是明度较低的色彩，否则会让人透不过气。

　　夏天是一个充满各种色彩的季节，炎热的夏季决定了在搭配色彩的时候一定要选择令人清爽的颜色，比如淡蓝色、淡黄色、淡绿色等，都是色彩明度比较高的。

　　一提到夏天，就会让人联想到游泳池，蓝色的游泳池、清凉的水、五彩斑斓的游泳圈，各种欢快的声音充满了夏天，所以夏天是很快乐的。在设计手机APP界面的时候，不能选择太沉闷、明度太低的颜色，在搭配色彩的时候，红色的使用面积不宜过大，纯度不宜太高，可以适当加大蓝色的面积，这样整个画面看起来让人感觉比较凉爽、舒心。

1 冷峻的配色案例解析

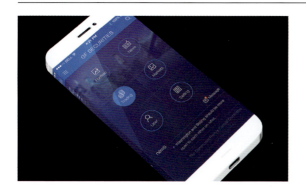

该手机 APP 界面以蓝色为主，采用渐变色彩的搭配方式，整体比较清爽、清凉，但是更加冷峻，搭配同类色会更加丰富一些。

| C95 M81 Y26 K0 | C80 M50 Y0 K0 | C70 M23 Y0 K0 |
| R26 G69 B136 | R32 G124 B235 | R36 G170 B253 |

2 单纯的配色案例解析

这款 APP 界面的色彩搭配是非常干净的，粉蓝色的背景，加上黄色的点缀，以及粉红色的搭配，给人一种非常干净、单纯的感觉。

| C67 M34 Y0 K0 | C4 M40 Y2 K0 | C5 M26 Y88 K0 |
| R85 G153 B229 | R246 G181 B209 | R254 G203 B19 |

3 清爽的配色案例解析

适合夏天的色彩以蓝色为主，蓝色和白色是一种经典的搭配，所以这款 APP 界面的色彩搭配就比较简洁、大方、清爽，以蓝色和白色搭配为主，适当地搭配少量粉红色，让整个画面更加丰富。

| C65 M4 Y14 K0 | C53 M1 Y11 K0 | C1 M38 Y9 K0 |
| R66 G193 B226 | R120 G210 B236 | R250 G186 B202 |

案例赏析

夏天是一个充满阳光、充满各种色彩的季节，所以在设计 APP 界面的时候，与夏天相关的色彩搭配，可以选择的色彩非常多，比如高明度的蓝色系渐变、高明度的黄色系渐变、蓝绿色和橙色等。

在搭配色彩的时候切记不要使用大面积的红色和色相比较深的色彩，以及明度较低的色彩，否则会让人感到非常闷热、不透气，会有不舒服的感觉。

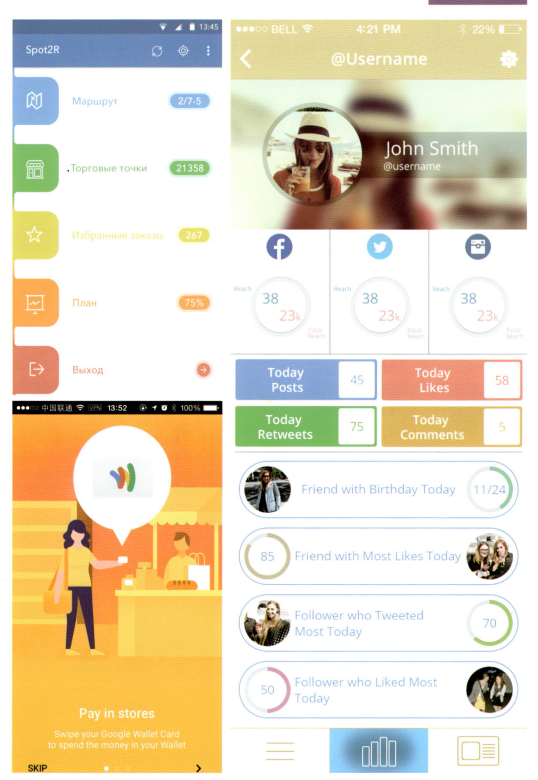

16
搭配出秋天的色彩

知识导读

C48 M62 Y100 K6　　C22 M79 Y90 K0　　C9 M56 Y60 K0
R150 G106 B38　　　R209 G87 B40　　　R236 G141 B97

C14 M42 Y93 K0　　C4 M26 Y80 K0　　C50 M75 Y97 K17
R231 G166 B12　　　R255 G203 B55　　R135 G76 B38

1　秋天的色彩温和,又充满丰收的喜悦,其色彩主要是以黄色为主的暖色系。

2　手机 APP 界面的色彩搭配选择还是比较多的,以褐色为主的色系、以黄色为主的色系或者以橙红色为主的色系都是可以的。

3　秋天的色彩搭配注意不要使用过多的冷色调色彩,灰色和黑色也尽量少用,高明度的灰色或者带有暖色倾向的灰色可以考虑。

　　秋天是庄稼成熟的季节,俗话说:"立秋十天遍地黄。"这就说明秋天的主要色调是黄色,"金秋"指的就是这个。秋天的天空很蓝,树木的叶子开始凋谢、变黄,农田里的庄稼也开始成熟变成黄色,山上的植被也变成黄色,漫山遍野的红叶,生活充满丰收的喜悦。

　　秋天的色彩主要以黄色为主,所以在进行手机 APP 界面设计的时候,首选黄色。但在进行色彩搭配的时候也不能只用黄色,要考虑色彩的多变性,黄色也有明度较低的、颜色较暖的等很多种。褐色也是秋天最常见的色彩,所以在秋天的色彩搭配中用得比较多,除了这两种颜色,其他的就是红色,比如红苹果的颜色,还有天空的蓝色、深秋时的深蓝色等。

　　在搭配秋天的色彩的时候,选择以暖色为主,适当地搭配一些蓝色和绿色,但是避免使用太多的纯黑色,因为秋天是一个收获的季节,充满欢快,黑色的到来会让整个气氛很压抑,所以尽量避免大面积使用黑色。

1 成熟的配色案例解析

褐色系的色彩搭配是非常柔和、舒服的，给人一种成熟、大气、稳重的感觉，所以在手机APP界面中选择褐色系的渐变色彩进行搭配，可以表现成熟的味道。

C42 M71 Y81 K4	C33 M49 Y67 K0	C24 M33 Y38 K0
R166 G96 B62	R188 G142 B93	R204 G178 B155

2 高级的配色案例解析

紫色本身具有一定的神秘性，秋天同时也是一个非常神秘的季节，选择明度较低的紫色和高明度的粉红色和米黄色进行搭配，给人一种比较高级的感受，充满神秘感。

C68 M70 Y36 K0	C9 M69 Y34 K0	C7 M29 Y37 K0
R110 G90 B127	R235 G112 B130	R241 G198 B161

3 明亮的配色案例解析

秋天的色彩搭配是少不了黄色的。黄色本身明度就比较高，在进行色彩搭配的时候可以考虑橙黄色、橙色和黄色的渐变色彩搭配，再加上白色的背景，整个界面显得非常明亮。

C4 M61 Y89 K0	C4 M41 Y89 K0	C5 M10 Y65 K0
R244 G131 B89	R249 G174 B21	R255 G232 B108

案例赏析

案例赏析

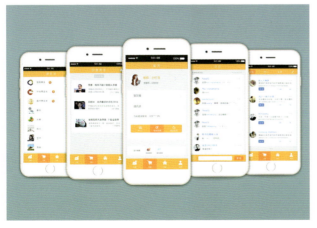

秋天的色彩充满幻想、充满喜悦，同时也充满了神秘感，在设计手机APP界面的时候，色彩搭配要明快、柔和、舒服。当然有时候也可以多一些强烈的对比，但是必须在不能破坏整体的情况下进行。

尽量使用同色系的颜色明度变化进行搭配，这样色彩会更加丰富一些，同时也可以适当搭配对比色或者是互补色以增强画面色彩感。

02 自然色彩搭配

17
搭配出冬天的色彩

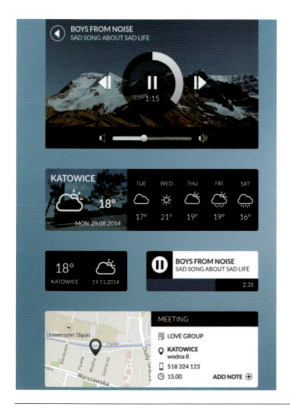

知识导读

C93 M67 Y58 K18　C63 M26 Y64 K0　C44 M2 Y18 K0
R1 G77 B91　　　R103 G165 B188　R153 G215 B221

C100 M93 Y43 K4　C83 M79 Y77 K62　C41 M39 Y1 K0
R14 G49 B109　　R31 G31 B31　　　R167 G158 B208

1 冬天，大部分植被叶子都已经干枯，大地处于一种休眠的状态，营造了一种很安静的气氛，蓝色调会带给人们这种安静的感觉。

2 在进行 APP 界面色彩搭配的时候，常用的是深蓝色、蓝绿色、低纯度的蓝色、高明度的蓝色，有时候会使用黑色，或者高明度的紫灰色。

3 冬天不适合搭配太多高纯度的暖色调色彩，比如红色、黄色、绿色、橙色等。

  冬天，大地万物处于休眠的状态，呈现出一种异常宁静的氛围，再加上冬天气温比较低，所有人和动物的活动比较少。这时候的色彩更倾向于一种安静的感觉，最好选择同一色系，色彩之间的变化跨度不要太大，否则色彩的跳跃度太高，会打破这种安静感。

  另外，冬天的气温比较低，大雪降临之后，大地会呈现一片白色，天空会呈现一种银灰色，天空放晴以后，会呈现出清澈的蓝色，整片雪地也会映出淡淡的蓝色。有时候天气极其恶劣，狂风肆虐，暴风雪不止，尤其是在夜晚的时候，令人有一种恐惧感，这个时候的色彩搭配更倾向于比较深的色彩，比如绝望的黑色，或者是明度很低的深蓝色，再加上白色等。

  不过在搭配冬天的色彩的时候，偶尔也可以适当搭配少量的亮色，比如紫色和红色或者橙色，但是这些色彩的面积不宜过大，不能超过主色调，色彩种类也不能过多，适当加入一些暖色，让冬天充满希望和温暖。

1 纯洁的配色案例解析

一提到冬天，人们就会想到白色的雪，给人一种非常纯洁的印象，所以在搭配冬天的色彩的时候首选白色，白色加上高明度的灰色和蓝色，能够体现出冬天的纯洁。

C22 M14 Y13 K0　　C11 M8 Y13 K0　　C53 M0 Y12 K0
R208 G212 B215　　R233 G233 B225　　R114 G216 B240

2 安稳的配色案例解析

安静和沉稳也是冬天带给人的一种感受，低纯度的蓝灰色的色彩渐变可以呈现出一种安稳的和谐美，颜色跨度不大，色彩由深到浅渐变。

C96 M75 Y52 K17　　C82 M50 Y41 K0　　C69 M25 Y23 K0
R8 G68 B94　　　　R45 G116 B138　　R78 G163 B192

3 简洁的配色案例解析

简洁利落的色彩搭配风格在冬天色彩搭配中应用得也比较多，尤其是做数据风格的时候，高明度的灰色背景，搭配这高明度的蓝灰色，偶尔搭配黑色的色带，适当地点缀一点红色和绿色，让整个搭配更有生机。

C53 M20 Y12 K0　　C22 M17 Y14 K0　　C7 M5 Y5 K0
R128 G181 B213　　R207 G208 B212　　R240 G240 B240

02 自然色彩搭配

案例赏析

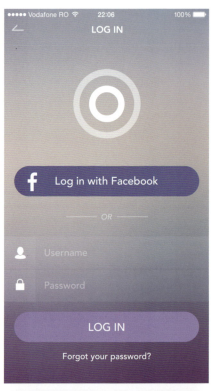

案例赏析

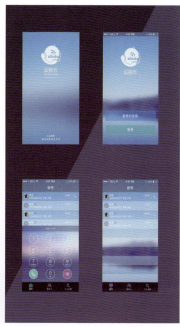

冬天的色彩充满了神秘感，安静、沉稳，但又不失希望，朦胧的空气弥漫着春天的气息，在这样一个安静的大地下正悄悄地孕育着新的希望。

在搭配冬天的色彩的时候，不要用过于跳跃的色彩，沉稳的色彩搭配比较适合与男性或者理性数据有关的手机 APP 界面设计。

03

色彩搭配

个性的色彩搭配

18
搭配出
气氛沉重的色彩

知识导读

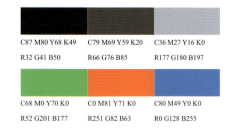

| C87 M80 Y68 K49 | C79 M69 Y59 K20 | C36 M27 Y16 K0 |
| R32 G41 B50 | R66 G76 B85 | R177 G180 B197 |

| C68 M0 Y70 K0 | C0 M81 Y71 K0 | C80 M49 Y0 K0 |
| R52 G201 B177 | R251 G82 B63 | R0 G128 B255 |

1 气氛沉重的色彩一般以深色为主色调，如以深蓝色或者黑色为主。

2 在进行 APP 界面色彩搭配的时候常用深蓝色、黑色及灰色系，但是要适当地搭配一点亮色，否则画面效果显得沉闷。

3 在保证整体的风格和氛围没有改变的情况下可以适当搭配小面积亮色，但是色彩不宜过多，面积不宜过大。

　　气氛沉重的色彩搭配在 APP 界面中的应用不是很广泛，因为这类色彩搭配好了会给人一种高端的感觉，搭配不好就容易形成死气沉沉的氛围，所以一定要注意色彩的把握。

　　在这种搭配方式下，也可以把色彩搭配得比较厚重、稳重、有节奏感，适当搭配小面积的亮色，会让整个画面显得有生气。搭配比较沉重的色彩时使用最多的是黑色，其次是深蓝色，这种蓝色的明度很低。有时还可以根据色彩的明度变化进行搭配，这样搭配出来的色彩更加丰富，画面更加协调、整体性强。搭配的时候适当加入白色也是很好的，但是白色面积不宜过多，因为白色多了整个氛围就改变了。

1 厚重的配色案例解析

这款手机界面的色彩主要以蓝色系为主，大面积的深蓝色营造了一种厚重的感觉，适当地点缀高明度的蓝色，可以给画面增加一点焦点。

C98 M93 Y54 K28　　C83 M46 Y75 K0　　C53 M0 Y12 K0
R24 G40 B76　　　　R14 G124 B183　　R114 G216 B240

2 单纯的配色案例解析

明度较低的蓝紫色配上大面积的白色和适当的灰色，给人一种非常干净的感受，单纯的配色方案在这里体现得比较好。

C84 M82 Y37 K2　　C13 M10 Y2 K0　　C0 M0 Y0 K0
R70 G68 B117　　　R227 G229 B242　　R255 G255 B255

3 动感的配色案例解析

这款APP界面主要以蓝灰色为背景，整体很协调，在中间搭配色彩的渐变，带给使用者一种韵律感，以及动感的快乐。

C86 M76 Y53 K19　　C2 M76 Y72 K0　　C59 M0 Y28 K0
R51 G66 B89　　　　R246 G97 B64　　　R0 G241 B225

案例赏析

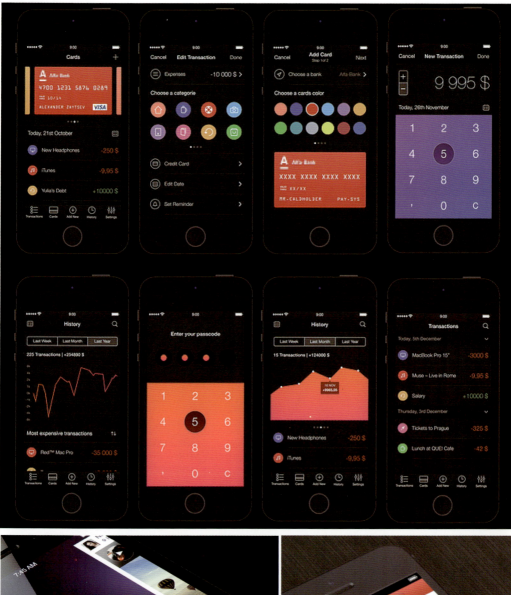

案例赏析

在具有沉重气氛的APP界面色彩搭配中，除了主色调的色彩之外，还必须要适当搭配一点亮色，这样才能让过于沉闷的画面有一丝活力，否则整个画面感觉死气沉沉的，一点生气都没有，但是点缀的亮色又不能太多，如果太多会影响整个画面的主色调和氛围。

03 个性的色彩搭配

19

搭配出
浪漫迷人的色彩

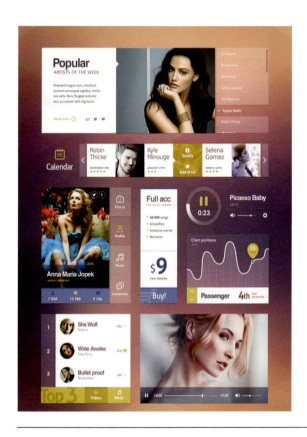

知识导读

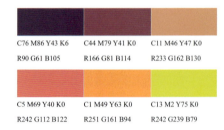

C76 M86 Y43 K6　　C44 M79 Y41 K0　　C11 M46 Y47 K0
R90 G61 B105　　　R166 G81 B114　　R233 G162 B130

C5 M69 Y40 K0　　 C1 M49 Y63 K0　　 C13 M2 Y75 K0
R242 G112 B122　　R251 G161 B94　　 R242 G239 B79

1　紫色是一个很浪漫的色彩，同时它也是一个中性色彩，适合跟暖色系搭配，也适合跟冷色系搭配。

2　表现浪漫迷人的色彩除了紫色，还有粉红色系，这些都是很适合女性使用的色彩，充满神秘感和浪漫色彩。

3　在营造浪漫迷人的氛围时，有些色彩并不是很适合，比如纯度比较高的绿色、深蓝色、黑色等。

　　一提到浪漫的色彩，很多人都会在第一时间想到粉红色和紫红色，这两种色彩被定义为浪漫的标牌色彩。紫色透着神秘、雅致、大气的味道，粉红色散发着青春、迷人、少女的气息，所以两种色彩作为主色调是特别适合女性的色彩搭配，更适合与女性相关的 APP 界面。

　　在搭配色彩的时候，可以使用色彩的渐变，如紫色→紫红色→红色→粉红色，这是一种非常和谐而又浪漫的配色方案，有时候适当加入一些淡蓝色、淡绿色和黄色，可以为画面增加一点视觉冲击力及色彩的跳跃感。但应尽量避免大面积的黑色和深蓝色等色彩，这些色彩会破坏整体的氛围，不过偶尔使用渐变的深色作为背景也是可以尝试的。

1 浪漫的配色案例解析

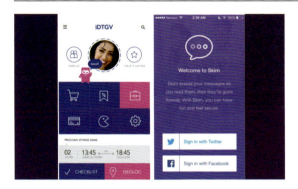

这款 APP 界面的色彩主要以紫色系为主，蓝紫色到紫色，再到紫红色的色彩渐变，运用得非常好，浪漫的色彩主要是紫色系的搭配。

C89 M89 Y16 K0	C61 M76 Y0 K0	C16 M89 Y8 K0
R60 G56 B138	R167 G66 B230	R222 G50 B143

2 淡雅的配色案例解析

要表现清新、淡雅的风格最好以白色为背景，这样整体的色调就会比较明亮，再搭配大面积的橙色，以及少量的高明度蓝色，整个画面比较自然。

C0 M80 Y81 K0	C60 M4 Y12 K0	C2 M37 Y83 K0
R253 G86 B44	R9 G200 B231	R255 G255 B255

3 迷人的配色案例解析

迷人的色彩一般都会很柔和，但是色彩之间又有很明显的变化，色彩的多样性让画面呈现出一种色彩斑斓的效果。

C2 M52 Y82 K0	C35 M18 Y75 K0	C59 M0 Y28 K0
R249 G151 B50	R187 G93 B87	R0 G241 B225

案例赏析

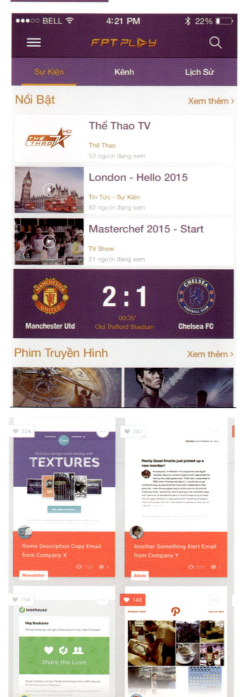

案例赏析

浪漫迷人的色彩主要应用于与女性相关的 APP 界面中，当然也有部分其他应用。这些色彩都以紫色和红色为主，也可以适当搭配其他的色彩，但是一定要注意色彩的协调性，不要让搭配的色彩影响了整体的色彩氛围。

03 个性的色彩搭配

20 搭配出动感且明快的色彩

知识导读

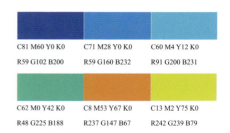

| C81 M60 Y0 K0 | C71 M28 Y0 K0 | C60 M4 Y12 K0 |
| R59 G102 B200 | R59 G160 B232 | R91 G200 B231 |

| C62 M0 Y42 K0 | C8 M53 Y67 K0 | C13 M2 Y75 K0 |
| R48 G225 B188 | R237 G147 B67 | R242 G239 B79 |

1 动感且明快的色彩搭配整体看起来一定要很清爽、干净、整洁、有秩序。

2 APP界面中表现运动的颜色一般为橙色、蓝色、绿色等,这些颜色跟白色搭配更具有运动感。

3 在表现运动的色彩中,并不适合用明度过低的色彩,会让人有一种压抑感,透不过气来,达不到明快的感觉。

要表现运动的色彩,首先让人想到的是蓝色,蓝色带给人一种冷静的感觉,同时也带给人一种清爽的感觉,蓝色明度渐变的色彩搭配有时候可以增强运动的节奏感。当然除了蓝色,还有橙红色、橙色和黄色等,这些色彩给人的感觉就是强烈的运动感,充满热量的运动,能营造很好的氛围。当然这些色彩很好地搭配在一起,并且以白色为背景,会使整个APP界面给人一种非常清爽、明快的感觉,心情瞬间变得舒畅。

在搭配色彩的时候,注意背景色彩不能太暗,尤其是大面积的深色,这样整体很难达到明快的效果。

1 动感的配色案例解析

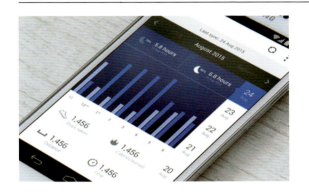

蓝色系的搭配本身就有运动感和韵律感,将渐变的色彩应用在APP界面中,很好地体现出了运动的感觉,加上白色的背景,整体效果清爽、舒心。

C82 M71 Y35 K1　　C77 M56 Y0 K0　　C48 M27 Y0 K0
R68 G85 B129　　　R69 G112 B206　　R146 G176 B230

2 明快的配色案例解析

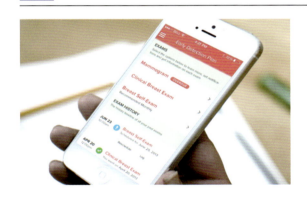

要打造明快的色彩,首先色彩整体明度要高,这款APP界面中的色彩有高明度的粉红色及粉蓝色,还有高明度的象牙白,再加上白色的背景,整体感觉非常高调、明快。

C9 M69 Y41 K0　　C8 M0 Y10 K0　　C30 M0 Y8 K0
R234 G112 B119　　R241 G252 B240　　R189 G232 B242

3 清爽的配色案例解析

高明度的蓝色加上亮灰色和白色,3种颜色搭配在一些让人感觉很亮、很干净、很清爽,APP界面中没有多余的色彩,看起来很干净。

C63 M0 Y23 K0　　C6 M5 Y5 K0　　C29 M17 Y30 K0
R12 G223 B230　　R242 G242 B242　　R249 G249 B249

案例赏析

案例赏析

运动风格的色彩搭配方案现在很受大众的喜爱，因为配色简单、明了、不复杂，画面干净，让人感觉很舒心。大部分APP界面都会有这样的色彩搭配倾向。单纯、干净的色彩同样也会针对不同的行业特征进行搭配选择。

03 个性的色彩搭配

04

色彩搭配

感性的色彩搭配

21
搭配出
具有寂静感的色彩

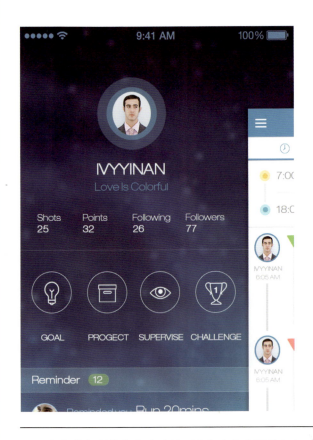

知识导读

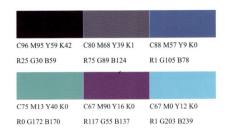

| C96 M95 Y59 K42 | C80 M68 Y39 K1 | C88 M57 Y9 K0 |
| R25 G30 B59 | R75 G89 B124 | R1 G105 B78 |

| C75 M13 Y40 K0 | C67 M90 Y16 K0 | C67 M0 Y12 K0 |
| R0 G172 B170 | R117 G55 B137 | R1 G203 B239 |

1 最能让人感到寂静的色彩就是深蓝色，蓝色是一个比较理性的色彩，能够带给人们一种安稳的感受。

2 在 APP 界面中蓝色应用得比较多，与蓝色搭配的一般是同一色系的色彩，以及邻近色。

3 在表现寂静感的色彩时，切记不要用太多绚丽的色彩，如纯度和明度比较高的色彩，这样会影响整体氛围。

　　寂静的色彩往往是冷酷的，没有太多亮丽的颜色，往往以单色为主，渐变色彩都比较少见，蓝色、灰色、蓝灰色、白色、黑色等都可以很好地表现寂静感。这些色彩都比较深沉，在进行色彩搭配的时候选择其中的两种足够表现气氛。有时候为了打破这种过于死板的色彩氛围，搭配色彩的时候会考虑点缀少量的亮色，局部使用一点亮色，会让整个 APP 界面更有生气，而且又不会影响整体风格。

　　在进行色彩搭配的时候，考虑色彩的属性是很重要的，但是有时候用色面积又不能过大，比如黑色，如果全部界面都用黑色，那就没有一点透气的感觉了；所以在进行色彩搭配的时候，要注意色彩之间的关系，相互搭配使用。

1 深沉的配色案例解析

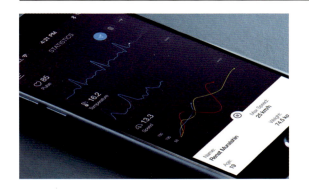

这款 APP 界面设计得非常干净，整个背景颜色比较深，是深紫色的，有一种深邃的感觉，搭配一点点的亮色，能够给人带来很深沉的感受。

C88 M91 Y57 K35　　C79 M76 Y47 K9　　C62 M25 Y0 K0
R45 G39 B67　　　　R77 G74 B103　　　R95 G171 B246

2 严肃的配色案例解析

严肃的色彩跟冷酷的色彩很接近，即使是冷冷的蓝灰色，它的明度渐变也是一个很好的搭配方式，整个画面会比较严肃、正规。

C90 M84 Y48 K15　　C70 M47 Y17 K0　　C58 M31 Y16 K0
R48 G58 B94　　　　R93 G129 B177　　　R199 G160 B195

3 冷静的配色案例解析

冷静的色彩让人感觉犹如处于深海，低明度的蓝绿色能给周边带来一种深邃、安静的氛围，色彩的渐变能够丰富整个画面。

C97 M78 Y52 K18　　C89 M62 Y54 K10　　C84 M42 Y43 K0
R0 G64 B92　　　　R31 G90 B104　　　　R5 G127 B143

案例赏析

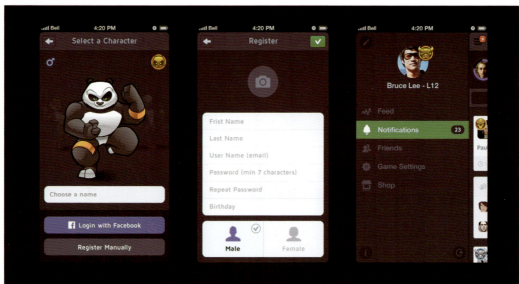

案例赏析

APP界面中表现寂静的氛围基本上以蓝色为主色调，加上色彩的明度变化，进行渐变色彩的搭配，并点缀少量亮色作为衬托，但是不宜过多，不要影响整体风格。

04 感性的色彩搭配

22 搭配出具有神秘感的色彩

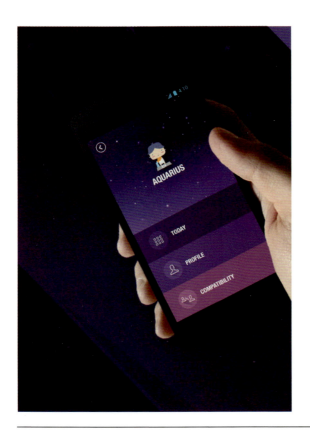

知识导读

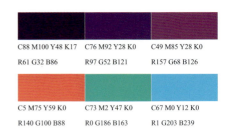

C88 M100 Y48 K17　　C76 M92 Y28 K0　　C49 M85 Y28 K0
R61 G32 B86　　　　R97 G52 B121　　　R157 G68 B126

C5 M75 Y59 K0　　　C73 M2 Y47 K0　　　C67 M0 Y12 K0
R140 G100 B88　　　R0 G186 B163　　　R1 G203 B239

1 神秘的色彩会让人有一种很深邃的感觉，触不到底，要表达这种神秘感，紫色的使用要偏多一些。

2 在APP界面中常用紫色到紫红色的渐变打造画面的神秘感，偶尔也会搭配少量橙色、橙红色、蓝绿色、蓝色等作为点缀。

3 在表现神秘感的时候，尽量不要使用大面积的高明度色彩搭配，因为色彩太过于高调就失去了神秘性。

在界面设计中，色彩的选择对于APP的整体风格是至关重要的，有神秘感觉的界面整体色彩风格是比较低调的，让人猜不透；色彩的明度整体偏低，往往以渐变的方式进行搭配。常用的主调色彩为紫色系、蓝色系、红色系、粉色系等。在使用这些色彩搭配的时候，除了主色调范围内的色彩，还可以适当搭配少量其他的色彩作为点缀；其他色彩最好与主色调对比较强，这样在神秘中多一分高调，但是又不会影响整体风格。

在搭配色彩的时候要注意与主色调进行搭配的颜色，尤其是明度较高的颜色，在使用的时候这些颜色的面积一定要小，不能过大，否则会影响整个APP界面的风格。

1 宁静的配色案例解析

这款APP界面的色彩是黎明前的色彩，黑暗中光明出现的那一瞬间，色彩非常柔和、过渡自然，很好地表现出了宁静的气氛。

| C91 M74 Y51 K14 | C32 M23 Y19 K0 | C13 M30 Y27 K0 |
| R36 G72 B98 | R185 G190 B196 | R229 G193 B179 |

2 明暗的配色案例解析

这款APP界面看着非常黑暗，整体色彩明度很低；但是低明度的色彩渐变搭配得很和谐，再搭配上一丝亮色，打破了完全死气沉沉的画面氛围。

| C93 M86 Y66 K48 | C89 M65 Y64 K24 | C61 M51 Y70 K4 |
| R21 G37 B52 | R28 G76 B80 | R119 G120 B89 |

3 蓝色的配色案例解析

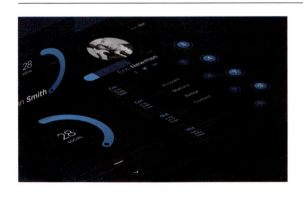

这款APP界面也具有一种神秘感，而且是一种冷酷的神秘感，蓝色的色彩搭配可以表现出冷静的特点，而暗色则带给人一种深邃的神秘感。

| C86 M82 Y63 K42 | C83 M51 Y18 K0 | C73 M33 Y5 K0 |
| R41 G44 B59 | R36 G117 B173 | R62 G150 B213 |

04 感性的色彩搭配

案例赏析

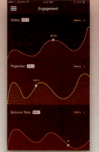

案例赏析

表现神秘的色彩搭配方案有很多种，不只有通过色调这一种方式；但是画面中的色彩也不宜过多，最好是同色系和邻近色的渐变搭配，这样界面会更柔和，变化更加细腻，更能够体现神秘的感觉。

23 搭配出纯粹清澈的色彩

知识导读

| C78 M54 Y0 K0 | C69 M16 Y4 K0 | C55 M0 Y15 K0 |
| R57 G119 B254 | R52 G177 B234 | R62 G239 B252 |

| C25 M0 Y49 K0 | C8 M4 Y51 K0 | C4 M60 Y10 K0 |
| R226 G147 B236 | R249 G241 B150 | R240 G179 B198 |

1. 纯粹清澈的色彩基本上属于儿童世界，对于他们来说，世界一切都是那么干净，在他们眼中，色彩永远都是干净无杂质的。

2. APP 界面想要使用这种纯粹清澈的色彩，首先考虑使用蓝色，明度比较高，纯度也比较高。

3. 在进行色彩搭配的时候，可以使用跟蓝色相近的色彩及一些对比色；但是注意明度都必须要高，切记不能使用低明度的色彩或者黑色。

纯粹清澈的色彩主要应用于与儿童相关的界面，尤其是婴幼儿用品，色彩的纯度比较高，明度也非常高。色彩通常是以粉色系为主，同一色系的色彩相互搭配，或者采用邻近色搭配，同时 APP 界面以白色为背景，这样搭配出来的色彩更能够体现出纯粹、善良、天真无邪的特点。

在设计 APP 界面色彩搭配的时候，要注意不能使用太过花哨的颜色，色彩纯度不能太低，明度也不能太低，尤其是背景色，尽量少用比较暗的色彩。黑色、灰色、深蓝色、墨绿色等明度较低的色彩并不适合表现纯粹清澈的效果，所以在搭配色彩的时候一定要避开这些色彩的使用。

1 无邪的配色案例解析

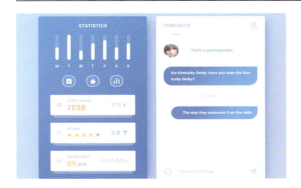

这款 APP 界面的色彩主要是根据婴幼儿产品的色彩特点进行搭配的,全部是高明度的粉色系,给人一种天真无邪、干干净净的感觉。

C56 M32 Y0 K0　　C51 M14 Y0 K0　　C5 M14 Y52 K0
R120 G163 B205　R127 G196 B255　R252 G226 B141

2 清澈的配色案例解析

清澈的色彩永远都离不开蓝色,蓝色与白色搭配给人一种很干净、清爽的感觉,再适当加入明度较高的灰色,可以增加色彩的多样性。

C80 M61 Y0 K0　　C75 M31 Y0 K0　　C4 M5 Y3 K0
R67 G102 B228　　R31 G153 B230　　R226 G224 225

3 希望的配色案例解析

这款 APP 界面主要以白色为背景,以绿色为主色调,适当搭配少量橙色和蓝绿色,整个画面给人一种清新舒服、充满希望的感受。

C63 M0 Y76 K0　　C7 M47 Y75 K0　　C69 M0 Y46 K0
R96 G194 B102　　R242 G160 B71　　R29 G206 B171

案例赏析

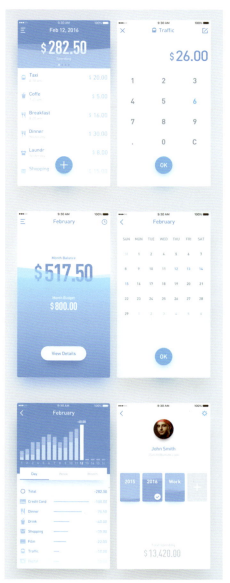

案例赏析

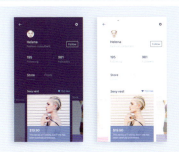

　　想要搭配出纯粹清澈的色彩方案，一定要注意色彩本身一定要很干净，纯度和明度要高，这样搭配出的色彩才会整体给人一种清澈、善良、无邪、纯粹的感觉。

04 感性的色彩搭配

24
使用令人感到热闹的色彩

知识导读

| C11 M27 Y91 K0 | C3 M82 Y64 K0 | C78 M32 Y19 K0 |
| R242 G196 B0 | R243 G78 B74 | R26 G147 B192 |

| C53 M78 Y0 K0 | C70 M1 Y76 K0 | C84 M69 Y19 K0 |
| R148 G78 B166 | R63 G187 B101 | R58 G899 B193 |

1　想要表现热闹的气氛，主要从色彩的色相种类和色彩的纯度方面考虑，因为高纯度的色彩相互对比和碰撞，会产生热闹的气氛。

2　在APP界面中，常用来表现热闹气氛的色彩一般包括红色、蓝色、绿色、紫色、橙色等，这些都是互补色或者对比色。

3　在选择表现热闹气氛的色彩搭配方案时，色彩面积大小对比较强，这样才会产生一种跳跃性。

　　这里所说的比较热闹的色彩其实就是指画面整体色彩的跳跃性比较强，那么如何增强色彩的跳跃性呢？首先从色彩的色相来讲，色彩有冷暖之分，也有互补色和对比色；冷色和暖色、互补色放在一起，色彩对比很强烈，会产生很强的运动感和不安定感。另外，色彩面积的大小对比也会产生很强的节奏感和运动感，所以这些因素会因为色彩的跳跃性比较高，从而使整体效果比较热闹。

　　在进行APP界面色彩搭配的时候，一定要先选择好主色调，然后适当搭配一些对比色或互补色，调整色彩的面积，形成对比；但是在色彩选择上要注意尽量避免低明度的色彩或者是黑色和灰色，这些色彩很难产生一种热闹的气氛，反而会增加一些沉重的氛围。

1 有节奏的配色案例解析

这款APP界面的色彩主要是蓝色、绿色和红色，3种色彩对比很强烈，加上白色的背景及色彩的面积大小对比，整体很有节奏感。

C78 M33 Y14 K0	C67 M0 Y55 K0	C2 M78 Y92 K0
R15 G146 B198	R12 G214 B154	R244 G91 B24

2 引人联想的配色案例解析

这款APP色彩明度并不高，但是色彩的搭配多了一份神秘感，色彩的渐变给人一个很好的联想空间。

C71 M23 Y28 K0	C55 M94 Y64 K19	C38 M60 Y6 K0
R67 G163 B184	R125 G42 B68	R179 G123 179

3 有韵律的配色案例解析

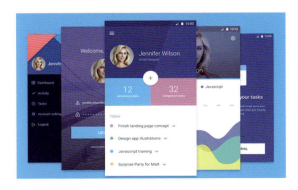

这款APP界面色彩非常鲜明，充满节奏和韵律，色彩搭配很舒适、明朗，给人一种青春的活力，散发着运动的气息。

C82 M73 Y4 K0	C16 M58 Y0 K0	C10 M0 Y62 K0
R71 G81 B166	R255 G127 B228	R247 G246 B120

04 感性的色彩搭配

案例赏析

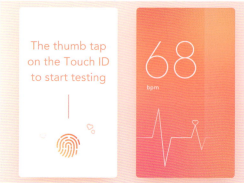

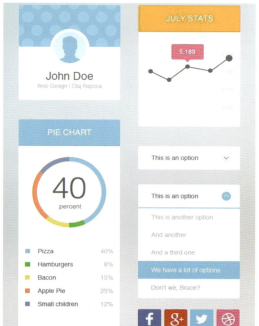

案例赏析

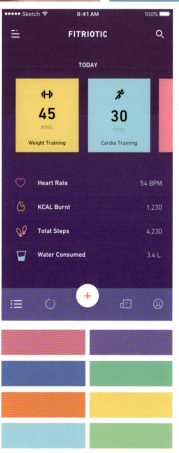

色彩的跳跃性决定了APP色彩搭配是否能够让人感到热闹,而色彩的纯度、明度、冷暖及色彩面积的大小对比又决定了色彩的跳跃性,所以在进行APP界面色彩搭配的时候一定要注意色彩的对比。

04 感性的色彩搭配

25 搭配出柔和且轻快的色彩

知识导读

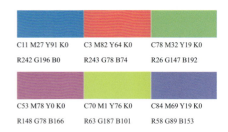

| C11 M27 Y91 K0 | C3 M82 Y64 K0 | C78 M32 Y19 K0 |
| R242 G196 B0 | R243 G78 B74 | R26 G147 B192 |

| C53 M78 Y0 K0 | C70 M1 Y76 K0 | C84 M69 Y19 K0 |
| R148 G78 B166 | R63 G187 B101 | R58 G89 B153 |

1 柔和、轻快的色彩能够带给人一种青春的活力，同时柔和、轻快的色彩往往都是以高明度的色彩为主的，能够让人心情开朗。

2 常用的色彩为高明度的蓝色、红色、橙色、紫色、绿色、黄色等，这些色彩通常以白色为背景。

3 在搭配表现柔和、轻快的色彩时，切记不能用纯度过高及对比过强的色彩，明度比较低的色彩也不合适。

众所周知，柔和、轻快的色彩没有很强烈的视觉冲击效果，明度变化也不会太大，整体看起来清爽、干净。因此，整体搭配的色彩明度要偏高一些，这样的色彩会给人一种青春、有活力的感觉。有些明度较低的色彩比较厚重，比如深蓝色、墨绿色、黑色等，这样的色彩会让人感觉很压抑，没有活力，过于严肃和深沉。

在进行 APP 界面色彩搭配的时候，要表现柔和、轻快的效果必须选择明度较高的色彩，颜色冷暖对比和纯度对比不要太大，最好是邻近色或者渐变色；切记在搭配色彩的时候不要使用明度很低的色彩，因为这样的色彩会让人感觉很沉闷、很严肃。

1 青春的配色案例解析

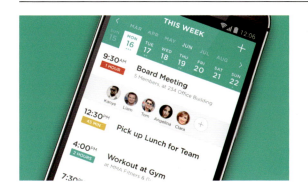

这款 APP 界面的主色调是绿色，但是整个画面的背景仍以白色和灰色相间为主，适当地点缀黄色和红色，整体色彩充满青春的活力。

| C78 M33 Y14 K0 | C67 M0 Y55 K0 | C2 M78 Y92 K0 |
| R15 G146 B198 | R12 G214 B154 | R244 G91 B24 |

2 跳动的配色案例解析

跳动的色彩往往对比性比较强，明度也比较高。色彩的跳跃性取决于色彩的明度、色相对比度及色彩面积的大小。

| C71 M23 Y28 K0 | C55 M94 Y64 K19 | C38 M60 Y6 K0 |
| R67 G163 B184 | R125 G42 B68 | R179 G123 B179 |

3 明快的配色案例解析

这款 APP 界面色彩非常明亮，原因是界面的背景色主要是白色，少量的高明度红色和蓝色进行点缀，让整个画面看起来明快舒服。

| C82 M73 Y4 K0 | C16 M58 Y0 K0 | C10 M0 Y62 K0 |
| R71 G81 B166 | R255 G127 B228 | R247 G246 B120 |

04 感性的色彩搭配

案例赏析

案例赏析

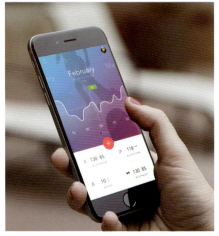

04 感性的色彩搭配

  在搭配色彩的时候，首先要了解色彩的属性，根据 APP 分类与风格，进行色彩的选择。搭配色彩的时候还要遵循一定的色彩规律。柔和、轻快的色彩，本身对比不会过于强烈，视觉上的冲击没有那么大，整体明度较高，这样才能表现出色彩的轻快感和柔和感。

26 营造出复古或古典的气氛

知识导读

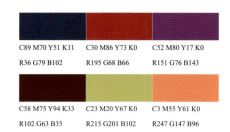

| C89 M70 Y51 K11 | C30 M86 Y73 K0 | C52 M80 Y17 K0 |
| R36 G79 B102 | R195 G68 B66 | R151 G76 B143 |

| C58 M75 Y94 K33 | C23 M20 Y67 K0 | C3 M55 Y61 K0 |
| R102 G63 B35 | R215 G201 B102 | R247 G147 B96 |

1 具有复古或古典气氛的色彩搭配方案往往在用色的时候色彩明度比较低,选择的色彩都不会那么张扬,调性都是比较低的。

2 用来表现复古或者古典风格的色彩往往看上去比较沉重、庄严、平静、典雅等,这样搭配出的界面才会显得大方、高雅。

3 在表现复古或古典的风格时,切记色彩的纯度和明度不宜过高,这种高调不适合表现复古色彩的那种庄重和典雅。

　　复古风格的色彩看起来没有那么高调,纯度和明度也没有那么高,色彩明度整体比较低,具体色调的选择要根据设计的主题来搭配。搭配色彩的时候要注意整体性,色彩的选择看上去要比较沉重、庄严、严肃、平静、高雅等,这些色彩在运用过程中面积不宜差别太大,色彩的种类也并不适合搭配太多。

　　在搭配复古或古典风格的色彩时候,切记色彩的明度和纯度不能过高,色彩纯度过高,会使整体风格过于高调,色彩的对比强,跳跃度就高,再加上色彩的明度比较高,不适合复古或古典色彩的风格。

1 深沉的配色案例解析

这款 APP 界面的主色调是黑色，黑色和红色也是经典的搭配，两种色彩的搭配带来了一种深沉的感觉。

| C83 M76 Y71 K50 | C33 M98 Y100 K1 | C10 M76 Y65 K0 |
| R39 G44 B47 | R189 G33 B34 | R232 G96 B78 |

2 庄重的配色案例解析

庄重的色彩往往明度偏低，这款 APP 界面的色彩在搭配的时候大胆地使用了小面积亮色，让原本很严肃的画面有一丝活力。

| C91 M90 Y76 K69 | C75 M77 Y0 K0 | C8 M74 Y41 K0 |
| R14 G12 B23 | R111 G65 B216 | R236 G97 B115 |

3 典雅的配色案例解析

这款 APP 界面整体调性比较高，以灰白色为背景，以高明度的黄色作为点缀色彩，再加上图形的黑色和背景的白色，整体给人一种简洁、雅致的感觉。

| C31 M24 Y23 K0 | C3 M7 Y34 K0 | C0 M0 Y0 K0 |
| R187 G187 B187 | R255 G242 B187 | R255 G255 B255 |

案例赏析

搭配复古或古典风格的色彩，选择还是比较多的，选择同一色系比较保险，另外褐色和咖啡色的选择，以及金黄色的搭配是比较多的。当然除了这些色彩，紫色系也是常用来表现典雅气氛的色彩。白色背景的简洁风格也是复古的一种表现形式，在 APP 界面中比较常用。

案例赏析

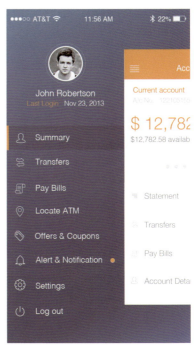

04 感性的色彩搭配

27 营造出爱的气氛

知识导读

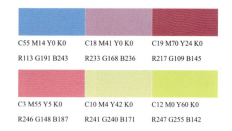

C55 M14 Y0 K0	C18 M41 Y0 K0	C19 M70 Y24 K0
R113 G191 B243	R233 G168 B236	R217 G109 B145
C3 M55 Y5 K0	C10 M4 Y42 K0	C12 M0 Y60 K0
R246 G148 B187	R241 G240 B171	R247 G255 B142

1 表现爱的主题的色彩有很多，不同阶段的爱情有着不同的色彩。

2 一般来说，爱的色彩以红色为主色调，其他的色彩有粉红色、紫红色、粉蓝色、黄色等。

3 如果表现爱这个主题，一定要选择明度高一些的粉色系，不要选择明度较低的色彩，尤其是冷色系的色彩。

爱情有许多种色调。有一种爱情是红色的，鲜艳的、热烈的红；有一种爱情是蓝色的，澄澈的、透明的蓝，像蓝天那样可爱的蓝；还有一种爱情是粉红色的，滑柔的、漂亮的、娇嫩的粉红；还有一种爱情是紫色的，忧郁的紫色。每个时期的爱情的色彩是有所区别的，所以搭配色彩的时候要注意区分。

在APP手机界面的色彩搭配中，表现爱情往往以女性化的色彩为主，也就是以红色系为主，大部分色彩为粉红色、红色、蓝色、紫红色等。但是切记不能使用明度较低的色彩，比如深红色、深蓝色、蓝紫色等，这些色彩会给人带来忧伤甚至是恐惧的感觉，所以一定要选择高明度的色彩，这样人的心情会舒畅得多。

1 诱惑的配色案例解析

这款 APP 界面的主色调是粉色，通过粉色系的色彩渐变，表现食品的诱惑力。这是关于食品的 APP，所以粉色更能够引起人的食欲。

| C0 M83 Y9 K0 | C0 M64 Y27 K0 | C1 M54 Y2 K0 |
| R253 G72 B139 | R251 G128 B246 | R250 G153 B194 |

2 梦幻的配色案例解析

这款 APP 界面的色彩非常绚丽多彩，冷色和暖色相结合，再加上对比性超强的紫色和黄色，整体给人一种梦幻的感受。

| C81 M40 Y13 K0 | C16 M84 Y6 K0 | C4 M18 Y64 K0 |
| R1 G134 B193 | R224 G71 B151 | R255 G219 B107 |

3 大胆的配色案例解析

这款 APP 界面使用的色彩比较大胆，整体色彩比较大气，给人一种冲动和大胆表白的感受。

| C40 M100 Y57 K1 | C17 M38 Y31 K0 | C18 M14 Y13 K0 |
| R175 G21 B81 | R219 G57 B117 | R215 G215 B215 |

案例赏析

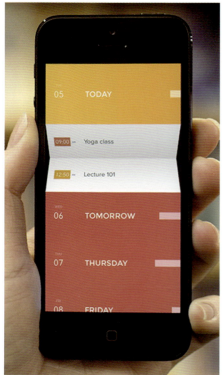

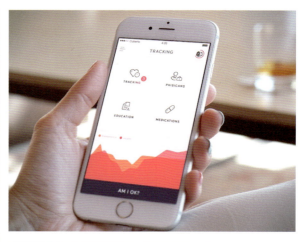

案例赏析

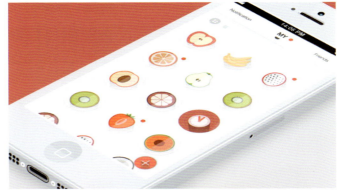

表现爱情的色彩不仅仅局限于粉红色，但是大部分使用的还是粉红色。通过色彩搭配可以大胆地使用紫色和蓝色，这样搭配出来的色彩才更具有冲击力。

04 感性的色彩搭配

28 营造出清爽快乐的气氛

知识导读

| C31 M94 Y59 K0 | C5 M72 Y87 K0 | C5 M20 Y64 K0 |
| R196 G46 B80 | R242 G105 B87 | R252 G105 B108 |

| C62 M13 Y95 K0 | C61 M0 Y46 K0 | C58 M5 Y1 K0 |
| R112 G178 B54 | R97 G202 B166 | R97 G202 B251 |

1 清爽快乐的色彩搭配方案整体色彩的明度比较高，一般来说，背景为白色，其他搭配的色彩对比度比较高。

2 表现清爽的感觉往往使用蓝色、绿色等，这类色彩与白色的搭配会给人一种清新、爽快的感觉。

3 多种纯度比较高的色彩搭配在一起会给人带来色彩缤纷的快乐感，但是不能够搭配太多明度比较低的色彩，这样整体感觉会比较深沉。

　　讲到"清爽"二字，我们必然会联想到夏日的游泳池，只有对比，才会感受更深。明亮的蓝色与白色搭配带给人一种夏日的凉爽。绿色和白色搭配也能带给人们一种清爽的感觉，这种清爽是一种充满希望和生机的感觉。每种色彩都可以和白色搭配，掌握好比例都可以带给人们不同的感受。快乐的色彩是五彩缤纷的，所以多种明度和纯度都比较高的色彩相互搭配，能够带给人们一种欢快的感受，搭配白色的效果会更加强烈。

　　清爽快乐的色彩在APP中是常用的，这样可以缓解人们平时生活和工作的压力，当人们打开手机客户端的时候，看到这样的色彩心情会比较好。所以在搭配色彩的时候尽量不要使用明度较低的色彩，比如黑色，这些色彩会给人一种压力感。

1 轻松的配色案例解析

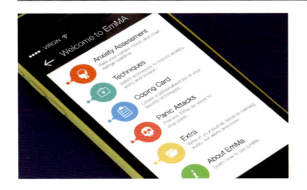

这款 APP 界面的色彩搭配很简单，主要以白色为背景，搭配的色彩有橙红色、蓝绿色、蓝色、黄色、绿色等，色彩纯度较高，给人轻松、活泼的感觉。

C3 M73 Y93 K0	C63 M16 Y0 K0	C8 M17 Y78 K0
R244 G102 B16	R77 G184 B254	R249 G218 B166

2 干净的配色案例解析

这款 APP 界面的色彩很单纯，只有蓝色的明度变化，整体界面以白色为背景，搭配不同明度的蓝色，给人非常纯净的感觉。

C76 M34 Y0 K0	C56 M15 Y0 K0	C7 M2 Y0 K0
R7 G150 B242	R110 G190 B253	R241 G248 B254

3 醒目的配色案例解析

这款 APP 界面的色彩比较单一，但是整体视觉冲击力很强，亮灰色的背景搭配一个很醒目的红色，并且在版面的中心，整体视觉冲击力很强。

C20 M92 Y88 K0	C10 M66 Y44 K0	C5 M5 Y4 K0
R214 G51 B43	R233 G120 B118	R244 G244 B243

案例赏析

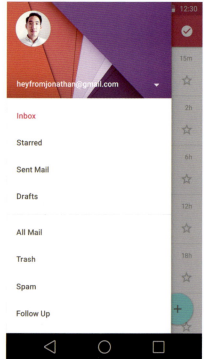

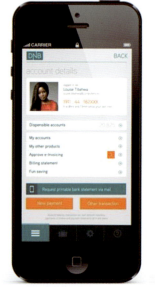

要表现清爽欢快的特点，首先要保证画面本身色彩的明度要高，这样 APP 界面整体的调性就确定了。其次是选择色彩，表现清爽的风格不宜搭配太多的色彩，否则会显得比较杂乱。表现欢快的风格可以选择多种色彩，但是面积不要太均等，最好大小不一，这样会给人一种跳跃感和欢快感。

案例赏析

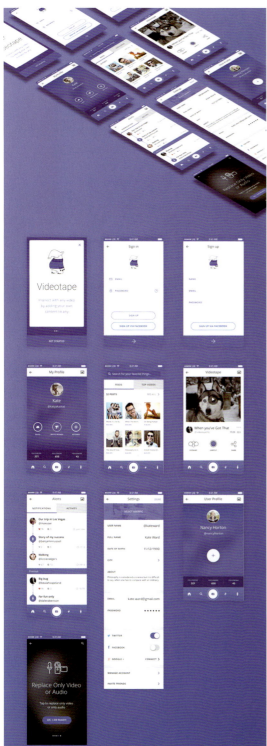

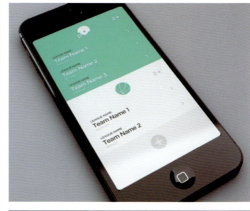

04 感性的色彩搭配

29
营造出
清静、安稳的气氛

知识导读

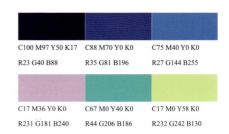

C100 M97 Y50 K17	C88 M70 Y0 K0	C75 M40 Y0 K0
R23 G40 B88	R35 G81 B196	R27 G144 B255
C17 M36 Y0 K0	C67 M0 Y40 K0	C17 M0 Y58 K0
R231 G181 B240	R44 G206 B186	R232 G242 B130

1. 清静、安稳的配色风格给人一种大气、成熟的感觉，整体色彩非常和谐，不会很跳跃，给人的感觉也会很深沉、稳重。

2. 表现清静、安稳的主题多以深蓝色为主，搭配少量的亮色作为点缀，整体色调保持一种冷静、理性的特点。

3. 在搭配色彩的时候切记不要搭配太多的亮色，尤其是纯度和明度较高的色彩，面积也不宜过大，通常以点状和线条状为主。

　　清静、安稳的色彩通常是用来表现男性的色彩，成熟、稳重、冷静、理性等都是男性的特点。搭配的色彩通常有黑色、深蓝色、蓝紫色、蓝色、蓝绿色等，这些色彩都是冷色调，冷色调给人的感觉就是稳重大气，很冷静、理性。所以在搭配色彩的时候这些色彩都会成为 APP 的主色调，再适当搭配部分亮色，比如黄色、亮紫色、高明度的绿色等，但是这些色彩的面积不能太大，只能以点状或者线条状出现，这样才不会破坏整体的氛围。

　　在 APP 界面中表现清静、安稳的特点时，切记不能使用大面积的亮色，尤其是多种纯度和明度较高的色彩，这些色彩过于高调，很容易破坏 APP 的整体风格。

1 深沉的配色案例解析

这款APP界面的整体调性非常低，以黑色为背景，这样的色彩给人一种非常深沉而且神秘的感觉，适当搭配一些蓝色，给画面增加一点活跃性。

C92 M90 Y83 K77　　C71 M63 Y56 K9　　C77 M45 Y0 K0
R3 G0 B7　　　　　　R94 G93 B99　　　　R27 G136 B255

2 宁静的配色案例解析

这款APP界面色彩搭配非常简单，大部分面积为黑色，适当搭配蓝色来表现夜晚的那种宁静，两种色彩搭配的效果非常和谐。

C87 M82 Y72 K59　　C84 M81 Y0 K0　　C56 M15 Y0 K0
R27 G30 B37　　　　R71 G59 B182　　　R110 G190 B253

3 理性的配色案例解析

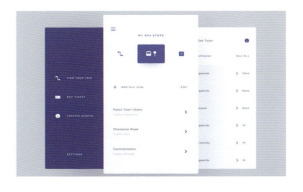

低明度的蓝色与最高调的白色搭配是非常经典的组合方式，同时也是最理性的一种配色方案，画面干净、整洁，没有一丝杂乱，整体非常舒服。

C84 M74 Y15 K0　　C41 M14 Y5 K0　　C8 M5 Y2 K0
R64 G80 B152　　　R164 G202 B232　　R239 G241 B247

案例赏析

案例赏析

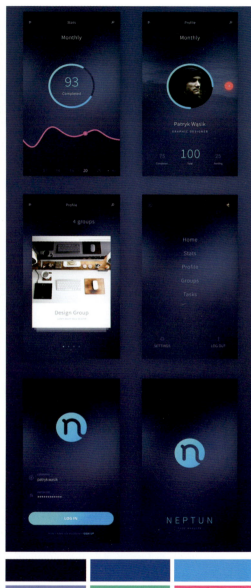

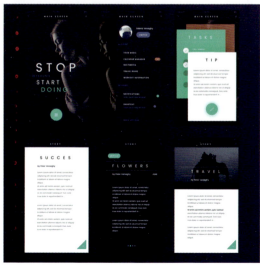

营造清静、安稳的风格主要由 APP 界面整体的色彩来定，整体的色彩不能太花哨，要掌握好大的色调。搭配的色彩种类不宜过多，不能够影响整体的色彩倾向和色彩氛围。还有就是 APP 界面尽量保持干净，图形不宜过多。

30
营造出温和的气氛

知识导读

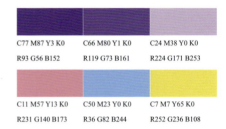

| C77 M87 Y3 K0 | C66 M80 Y1 K0 | C24 M38 Y0 K0 |
| R93 G56 B152 | R119 G73 B161 | R224 G171 B253 |

| C11 M57 Y13 K0 | C50 M23 Y0 K0 | C7 M7 Y65 K0 |
| R231 G140 B173 | R36 G82 B244 | R252 G236 B108 |

[1] 温和的色彩搭配会给人比较舒服的感觉，色彩之间的对比没有那么强烈。

[2] 任何一个色系都可以表现温和的风格特点，只是在搭配色彩的时候最好采用同色系或者邻近色。

[3] 温和的色彩搭配不要选择对比性过强的色彩，或者是明度差别较大或互补色等，这些色彩的冲击力太强。

  温和的色彩氛围在很多 APP 界面中都会应用到，这种搭配方式在视觉上不会有很大的冲击力，但是整体效果非常舒服。这种搭配一般都会选择同一色系的色彩，通过不同的明度变化或者纯度变化，形成不同层次的对比，这种对比没有那么有强烈，色彩变化柔和，而又不失色彩层次，所以这也是我们常用的一种色彩的搭配方式。

  在 APP 界面中，要表现柔和的风格，在选择色彩的时候不能选择明度上对比太强的，色彩的冷暖对比也不要太强。另外，也不要选择互为补色的色彩，这些色彩都有一个特点那就是对比很强，会给人带来一种很强的视觉冲击，破坏了原本柔和的色彩气氛。

1 亲切的配色案例解析

这款APP界面的整体色调是粉色系，画面整体比较亮，粉红色和红色搭配黄色，整个画面给人暖暖的感觉，特别舒服。

C18 M87 Y60 K0	C1 M48 Y68 K0	C3 M29 Y89 K0
R217 G66 B87	R250 G164 B177	R255 G197 B1

2 朦胧的配色案例解析

这两款APP界面色彩搭配非常简单，主要是蓝色系和红色系的渐变，色彩变化柔和，给人一种朦胧的感受。

C2 M65 Y2 K0	C26 M33 Y0 K0	C56 M15 Y0 K0
R249 G126 B180	R208 G181 B250	R110 G190 B253

3 自然的配色案例解析

高明度的蓝色配上高明度的绿色、红色、黄色，这正是大自然一切色彩的基础，蓝色为主色调，搭配白色的背景，自然、舒心，色彩变化柔和。

C61 M3 Y0 K0	C56 M0 Y50 K0	C8 M14 Y49 K0
R76 G202 B254	R94 G233 B166	R245 G224 B149

案例赏析

案例赏析

　　温和风格的色彩搭配，通常会选择对比不太强的色彩，如果真的需要有对比，可以选择明度上的变化，尽量不要选择对比很强的色相，这样会造成很强的视觉冲击，尤其是色彩的面积差不多的时候，这样就会破坏整体的氛围，画面过于活泼，稳定性不强。

04　感性的色彩搭配

05

色彩搭配

实用的色彩搭配

31

呈现出具有
节奏感和流畅感的色彩

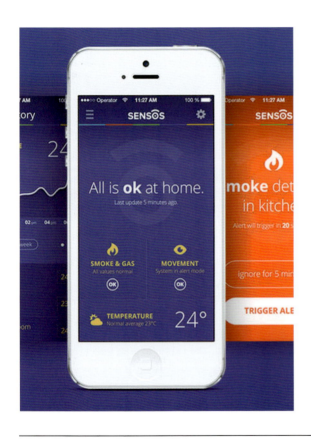

知识导读

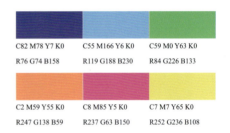

C82 M78 Y7 K0　　　C55 M166 Y6 K0　　　C59 M0 Y63 K0
R76 G74 B158　　　R119 G188 B230　　　R84 G226 B133

C2 M59 Y55 K0　　　C8 M85 Y5 K0　　　C7 M7 Y65 K0
R247 G138 B59　　　R237 G63 B150　　　R252 G236 B108

1　具有节奏感和流畅感的色彩搭配，首先要在色彩的对比上有一定的视觉冲击力，这样色彩才会有跳动性。

2　在选择色彩的时候可以选用互补色和对比色，这类色彩的视觉冲力强、动感性强，同时适当搭配同类色，具有一定的流畅性。

3　搭配具有节奏感和流畅感的色彩时切记不要使用过于柔和的色彩，或者渐变变化比较小的色彩，这样的色彩对比性不强，没有很强的节奏感。

　　具有节奏感和流畅感的色彩搭配在现在的 APP 界面中应用得比较广泛，尤其是年轻人常用的 APP，舞动的色彩和流畅的旋律是年轻人的象征。在表现节奏感的时候，所选择的色彩在色相上、明度上、冷暖上都要有很大的对比，这样色彩在画面中的跳跃性才会更强，视觉冲力会更好、节奏感更强。具有流畅感的色彩搭配，色彩与色彩之间的过渡要符合常规，比如红色到黄色的延伸中间会有橙黄色或者橙红色作为过渡，过渡色彩不需要太多，只需要让两个色彩具有连贯性就好。

　　在搭配色彩的时候，流畅性和柔和性是有区别的，柔和性的色彩要求过渡非常细腻，而流畅性的色彩只需要符合常规的一个或者两个过渡色。

1 有韵律感的配色案例解析

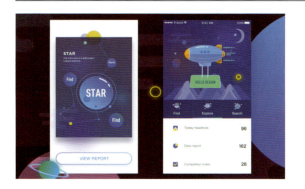

这款 APP 界面的色彩给人的感觉是比较舒服的，很有韵律感，色彩的冷暖对比也很舒服，色彩搭配的整体性也比较强。

C69 M47 Y0 K0	C85 M93 Y19 K0	C3 M29 Y89 K0
R93 G131 B216	R73 G50 B132	R255 G197 B1

2 流畅的配色案例解析

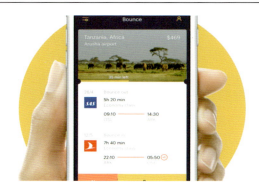

这款 APP 界面的色彩主要是红色、橙色、黄色，这 3 种色彩的搭配是非常流畅的，画面效果比较清新、舒服。

C4 M89 Y81 K0	C2 M62 Y57 K0	C7 M22 Y68 K0
R240 G56 B45	R247 G130 B98	R147 G209 B97

3 有节奏感的配色案例解析

具有节奏感的色彩往往本身的纯度较高，APP 界面的背景是黑色的，搭配橙色、蓝色、绿色等，色彩的对比很强，视觉冲击力很好，具有很好的节奏感。

C0 M53 Y91 K0	C69 M11 Y0 K0	C49 M2 Y100 K0
R255 G150 B0	R0 G186 B255	R153 G204 B0

案例赏析

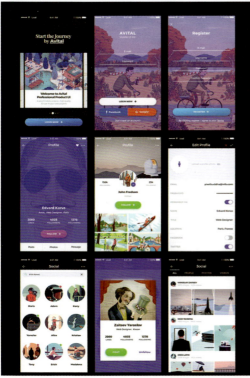
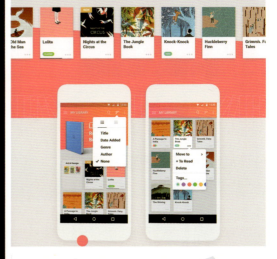

案例赏析

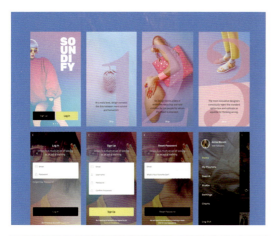

在使用具有节奏感和流畅感的色彩时，一定要注意色彩的纯度，还有就是尽量少用黑色，尽量使用高纯度的色彩，这样视觉冲击力才会更好，节奏感和韵律感也会更强。

32 呈现出具有动感和活力的色彩

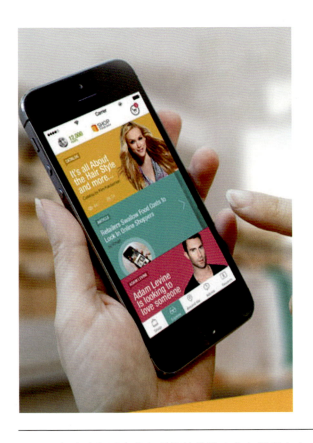

知识导读

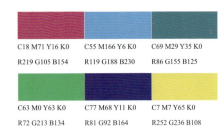

| C18 M71 Y16 K0 | C55 M166 Y6 K0 | C69 M29 Y35 K0 |
| R219 G105 B154 | R119 G188 B230 | R86 G155 B125 |

| C63 M0 Y63 K0 | C77 M68 Y11 K0 | C7 M7 Y65 K0 |
| R72 G213 B134 | R81 G92 B164 | R252 G236 B108 |

1. 具有动感和活力的色彩一般是比较年轻化的，这类色彩的主要特征是色彩纯度和明度都很高，个性张扬。

2. 色彩通常为黄色、紫色、红色、橙色、蓝色、绿色等，这些色彩的搭配对比性强，整体表现更具有活力。

3. 搭配具有动感和活力的色彩时，要尽可能地丰富和张扬，尽量不要选择过于柔和或者过于安静的色彩。

　　具有动感和活力的色彩能够带给人们年轻的心态，对比鲜明的色彩在生活中能够带给我们好的心情。在 APP 中，要搭配出具有动感和活力的色彩，我们往往会选择个性鲜明的色彩，纯度和明度都比较高，色彩之间形成强烈的个性对比，色彩张扬，跳跃性高，这样的色彩搭配在一起可以增强视觉冲击力，让画面本身具有很强的律动性，同时又带来了年轻的活力。

　　在搭配色彩的时候要注意色彩的选择尽量以亮色为主，切记不要选择过于相近的色彩，比如同色系的色彩、邻近色等，这类色彩相互搭配出来的效果比较柔和，过渡很自然，会使画面过于安静，没有很强的跳动性，所以，这些色彩无法准确地表达动感和活力。

1 有活力的配色案例解析

这款 APP 界面以绿色为主色调，绿色象征着青春、有活力的年轻人，不同纯度和明度的绿色搭配，跳跃性强，传递着一种青春的活力。

| C85 M48 Y68 K1 | C76 M9 Y56 K0 | C41 M8 Y82 K0 |
| R7 G125 B103 | R5 G174 B141 | R173 G204 B75 |

2 干净的配色案例解析

这款 APP 界面的色彩主要是红色、橙色、黄色，这 3 种色彩的搭配是非常具有流畅性的，白色的背景，搭配流畅的色彩，画面让人感觉比较清新、舒服。

| C78 M59 Y0 K0 | C10 M7 Y0 K0 | C7 M22 Y68 K0 |
| R76 G109 B255 | R235 G238 B253 | R147 G209 B97 |

3 有节奏的配色案例解析

具有节奏感的色彩往往本身的纯度较高，APP 背景是黑色的，搭配橙色、蓝色、绿色等，色彩的对比很强，视觉冲击力很好，具有很好的节奏感。

| C59 M0 Y44 K0 | C7 M11 Y87 K0 | C0 M60 Y6 K0 |
| R54 G238 B186 | R255 G228 B1 | R251 G138 B181 |

案例赏析

具有动感、活力的配色用色一定要大胆，不要有太多的顾忌，动感需要色彩的碰撞，需要不同颜色的对比，形成强烈的视觉冲击，这样才能带给人们一种具有活力的氛围。

案例赏析

05 实用的色彩搭配

33
搭配出高级色

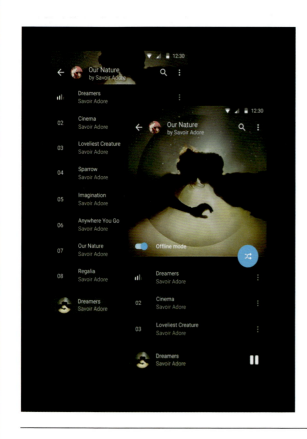

知识导读

| C83 M65 Y64 K24 | C58 M62 Y66 K8 | C25 M20 Y36 K0 |
| R50 G76 B78 | R124 G101 B185 | R204 G199 B169 |

| C76 M44 Y60 K1 | C42 M66 Y25 K0 | C2 M33 Y53 K0 |
| R72 G125 B111 | R168 G109 B147 | R252 G195 B125 |

1　高级色的种类并不是很多，正是因为色彩种类偏少，整体色彩搭配出来更加低调。

2　高级色的纯度并不是很高，一般都偏灰色，这样的色彩看着既低调又奢华，给人一种神秘感。

3　搭配高级色的时候切记不要使用过多的高纯度和高明度的色彩，这样搭配出来的色彩整体调性比较高，对比太强，过于跳跃。

　　高级色是一个色系，不单指一个颜色，它们大多有一个特点——低饱和。高级色色彩关系恰当、有美感、具有现代气息，所以使用了"高级"二字。高级色常用的色彩基本上是一个色系的，整体的饱和度偏低，色彩的色相对比不是很强，色彩的明度对比也不是很强。最常见的高级色就是高级灰，这也是在绘画中常见的色系。高级灰并不是纯灰色，而是在灰色的基础上有比较明显的色彩倾向，比如蓝灰色、红灰色、紫灰色、黄灰色、绿灰色等，在这些色彩中加入灰色，降低了其色彩的饱和度，使其没有那么高调，还会给人一种低调高级的感觉。

　　在搭配高级色的时候，一定要注意色彩的饱和度不要太高，整体是同一个色系的色彩变化。

1 稳重的配色案例解析

这款 APP 界面的整体色调是黑色和灰色，这是一个色系的色彩，灰色是比较经典的搭配色彩，这个色系的色彩搭配给人一种极其稳重、大气的感觉。

C81 M79 Y59 K30　　C73 M66 Y47 K4　　C51 M43 Y24 K0
R59 G56 B73　　　　R91 G92 B113　　　R114 G114 B168

2 神秘的配色案例解析

这 4 款 APP 界面的色彩都不相同，每个 APP 都有自己的主色调，而且色彩的饱和度都不高，色彩之间微妙的变化人给一种很神秘的感觉。

C44 M70 Y34 K0　　C37 M49 Y48 K0　　C63 M37 Y41 K0
R166 G90 B30　　　R177 G140 B124　　R111 G145 B147

3 低调的配色案例解析

低调的色彩有时候也会给人一种很高级的感觉，低饱和度的同色系色彩搭配会给人一种很舒服的感觉，高端、沉稳、大气，但是不奢华。

C82 M69 Y57 K19　　C68 M36 Y38 K0　　C54 M0 Y44 K0
R59 G76 B88　　　　R94 G144 B154　　　R123 G214 B173

05 实用的色彩搭配

案例赏析

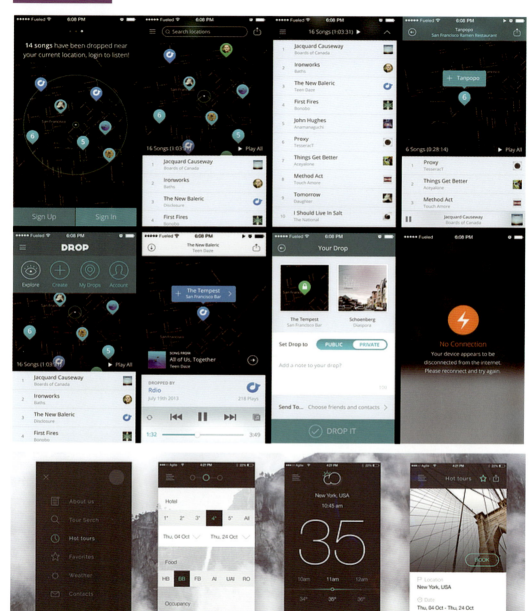

高级色的色彩搭配切记饱和度不要太高,且适当地点缀亮色也是可以的,但是亮色的面积不宜过大,不要破坏整体的色彩氛围。

案例赏析

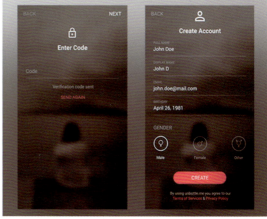

05 实用的色彩搭配

34 搭配出使内容一目了然的色彩

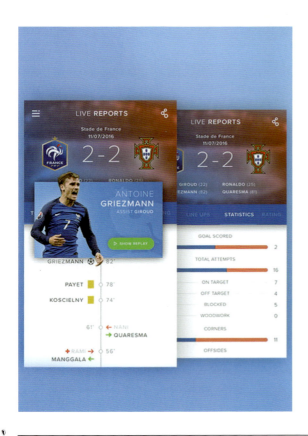

知识导读

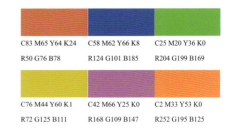

C83 M65 Y64 K24　　C58 M62 Y66 K8　　C25 M20 Y36 K0
R50 G76 B78　　　　R124 G101 B185　　R204 G199 B169

C76 M44 Y60 K1　　C42 M66 Y25 K0　　C2 M33 Y53 K0
R72 G125 B111　　　R168 G109 B147　　R252 G195 B125

1　使内容一目了然的配色主要是指在同一个画面中色彩的对比不那么强烈，整体色彩搭配要温和。

2　可以选择常规的色彩，饱和度和明度适中，色彩主要作为背景色来搭配，烘托主体。

3　色彩搭配切忌同一个画面中色彩对比过于强烈，这样色彩的跳跃性很强，视觉冲击力大，不能把重要的信息传达出来。

　　使内容一目了然的色彩搭配最重要的一点就是相互搭配的色彩对比性不要太强，搭配的色彩必须是围绕着整体的内容而做的，主要目的是突出内容，在最短的时间内把主要的信息传达给互动者。画面整体要简洁大方，色彩选择比较自由，一般来说，大面积同色系的色彩搭配对于主体内容的烘托效果是比较好的。

　　搭配色彩的时候切记色彩的纯度和明度对比不要太强，搭配的色彩种类不宜过多，作为背景的色彩，建议使用同色系或者邻近色，色彩跳跃度不高，对主体内容的影响不会过大。

1 视觉冲击大的配色案例解析

这款 APP 界面的主色调为黑色，红色到蓝色的渐变色彩成为了 APP 界面的视觉中心，主要内容在黑色背景下很好地被烘托出来。

C92 M87 Y88 K89　　C5 M90 Y77 K0　　C68 M42 Y0 K0
R2 G2 B2　　　　　R239 G55 B53　　　R88 G141 B243

2 令人振奋的配色案例解析

干净利落的色彩，再加上冷色与暖色的碰撞，会营造一种非常令人振奋而且激动的氛围，深蓝色加上浅蓝色及紫红色等色彩的搭配，使画面非常舒服。

C86 M81 Y23 K0　　C63 M16 Y0 K0　　C1 M83 Y4 K0
R64 G70 B137　　　R80 G183 B250　　R249 G72 B154

3 有活力的配色案例解析

紫色与黄色互为互补色，当大量的蓝紫色和紫红色作为背景的时候，画面主要内容部分一定要用黄色来点缀，这样更容易突出主体内容。

C83 M70 Y0 K0　　C27 M72 Y0 K0　　C10 M10 Y79 K0
R62 G82 B107　　　R226 G90 B198　　R247 G228 B64

案例赏析

使主体一目了然，主要目的是突出主体，色彩搭配和版式设计都要注意内容的主次顺序，所以在进行色彩搭配的时候一定要注意所搭配的色彩不能在视觉上超过主体内容，色彩可以作为背景使用，主体的色彩可以是背景色彩的互补色，这样大面积的色彩中间突出的就是其互补色。通过这样的搭配可以使主体物更加一目了然。

案例赏析

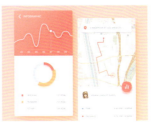

05 实用的色彩搭配

案例赏析

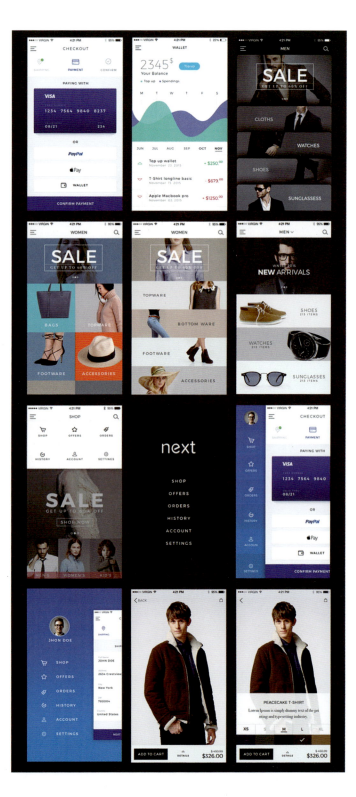